RECHERCHES EXPÉRIMENTALES

DE

CALORIMÉTRIE

ANIMALE

(Mesure de la radiation calorique et des combustions respiratoires)

(TRAVAIL DU LABORATOIRE DE M. LE PROFESSEUR JOLYET)

PAR

Le Docteur C. SIGALAS

Licencié ès-sciences physiques,
Pharmacien de 1re classe,
Chef des travaux pratiques de Physique à la Faculté de Médecine et de Pharmacie de Bordeaux,
Ancien préparateur de Physique près la même Faculté.

Prix : 3 Francs.

PARIS
OCTAVE DOIN, ÉDITEUR
8, PLACE DE L'ODÉON, 8

1890

RECHERCHES EXPÉRIMENTALES

DE

CALORIMÉTRIE ANIMALE

RECHERCHES EXPÉRIMENTALES

DE

CALORIMÉTRIE ANIMALE

(Mesure de la radiation calorique et des combustions respiratoires)

(TRAVAIL DU LABORATOIRE DE M. LE PROFESSEUR JOLYET)

PAR

Le Docteur C. SIGALAS

Licencié ès-sciences physiques,
Pharmacien de 1re classe,
Chef des travaux pratiques de Physique à la Faculté de Médecine et de Pharmacie de Bordeaux,
Ancien préparateur de Physique près la même Faculté.

PARIS
OCTAVE DOIN, ÉDITEUR
8, PLACE DE L'ODÉON, 8

1890

A Monsieur le Professeur JOLYET.

Ce travail a été fait dans le laboratoire de médecine expérimentale, sous l'inspiration et sous la direction de M. le professeur Jolyet. Je prie ce cher Maître de vouloir bien en accepter la dédicace comme un témoignage de ma profonde reconnaissance envers lui. Si les recherches qui font la base de cette thèse ont quelque mérite, c'est à lui que tout l'honneur en est dû; car c'est lui qui, après m'avoir accueilli dans son laboratoire avec la plus grande bienveillance, n'a jamais cessé de me guider par ses savants conseils.

C. SIGALAS.

INTRODUCTION

Les expériences de Lavoisier, de Dulong et de Despretz sur la production de chaleur et les combustions respiratoires chez les êtres vivants, avaient pour but de déterminer la part qui revient à la respiration dans la thermogénèse.

Elles donnaient, d'un côté, la quantité de chaleur produite; — d'autre part, l'oxygène absorbé et l'acide carbonique exhalé par un animal, pendant un temps déterminé; — d'où, en supposant que tout l'oxygène qui n'est pas transformé en CO^2 a servi à former de l'eau, la proportion de carbone et d'hydrogène transformés en *acide carbonique* et en *eau*. Le produit du poids de chacun de ces corps par sa chaleur de combustion représentait la chaleur produite par la respiration. Cette chaleur fut trouvée égale aux neuf dixièmes de celle cédée au calorimètre.

On sait aujourd'hui combien les bases de ce calcul sont inexactes :

« Les animaux ne brûlent pas, écrit M. Berthelot, du car-
» bone libre et de l'hydrogène libre. D'une part, ils introdui-
» sent dans leur corps des aliments, c'est-à-dire des principes
» organiques très divers, très complexes et dans lesquels l'état
» de combinaison des éléments est plus ou moins avancé.
» D'autre part, les animaux rejettent non seulement de

» l'acide carbonique, mais aussi de l'eau, de l'urée et d'autres » produits excrémentitiels complexes.

» .....Les changements chimiques éprouvés par les prin- » cipes immédiats des êtres vivants sont de nature diverse. » Ils consistent, soit en oxydations, soit en hydratations et » déshydratations, soit en dédoublements. Chacune de ces » réactions envisagée séparément peut dégager ou absorber » de la chaleur.

» Il résulte de là que le calcul de la chaleur animale ne sau- » rait être établi, comme on l'avait cru autrefois, par la seule » connaissance de l'oxygène absorbé pendant la respiration, » même jointe à celle de l'acide carbonique expiré.

» La connaissance exacte du rapport entre ces deux subs- » tances ne suffit pas davantage; attendu que cet oxygène » n'est employé ni à brûler simplement du carbone, comme le » supposaient les anciens calculs, ni à former exclusivement » de l'acide carbonique.

» En outre, les réactions d'hydratation, de déshydratation » et de dédoublement dégagent ou absorbent de la chaleur, » chacune pour son propre compte.

» Il est nécessaire de tenir un compte séparé de tous ces » effets si l'on veut évaluer rigoureusement la chaleur animale; » c'est-à-dire qu'il est nécessaire de connaître exactement » l'état initial et l'état final du système total formé par l'être » vivant, ses aliments, l'oxygène qu'il absorbe, l'acide carbo- » nique, l'eau et les substances diverses qu'il rejette [1]. »

Au point de vue théorique, par conséquent, l'étude de la chaleur produite, de l'oxygène absorbé et de l'acide carbonique exhalé, faite indépendamment de celle complète des autres *ingesta* et *excreta*, est loin d'être suffisante. Mais l'étude simul-

[1] Berthelot, *Essai de mécanique chimique fondée sur la thermochimie*. Paris, 1879.

tanée de la respiration et de la calorification, de leurs variations sous certaines influences physiologiques ou autres, présente un grand intérêt expérimental.

Les recherches de calorimétrie animale, reprises, en effet, par MM. d'Arsonval et Richet, ont résolu quelques problèmes importants et mis au jour un grand nombre de résultats curieux, au point de vue physiologique (influence de l'espèce, de la taille, de la température extérieure...).

Les résultats importants qu'a fournis à M. P. Langlois son travail remarquable sur la calorimétrie chez les enfants à l'état de santé et de maladie, les conclusions auxquelles est arrivé M. P. Regnard dans ses recherches sur les modifications des échanges gazeux dans les fièvres de différents types, montrent aussi tout l'intérêt que présente pour le clinicien une méthode capable de fournir, sur un même sujet :

1° La chaleur produite;

2° L'oxygène absorbé;

3° L'acide carbonique exhalé.

Les expériences que nous rapportons dans le présent mémoire, ont été faites sur des animaux. Elles nous ont fourni des résultats touchant l'influence de l'espèce, de la taille et de la température extérieure sur la radiation calorique. Nous avons également étudié le dégagement de chaleur et les combustions respiratoires chez l'animal fébricitant.

Je remercie bien profondément M. le professeur Merget d'avoir mis à ma disposition, pour mes recherches, les ressources du laboratoire de physique de la Faculté de médecine.

RECHERCHES EXPÉRIMENTALES

DE

CALORIMÉTRIE ANIMALE

CHAPITRE PREMIER

HISTORIQUE

On trouvera dans le livre remarquable de M. le professeur Gavarret : *De la Chaleur produite par les êtres vivants* (1), l'histoire complète, jusqu'en 1855, des différents travaux ayant trait à la chaleur animale. Nous ne ferons ici qu'un rapide exposé critique des méthodes employées et des résultats qu'elles ont fournis.

C'est Lavoisier qui détermina, le premier, la quantité de chaleur dégagée par un animal vivant. Le calorimètre à glace de Lavoisier et Laplace (2) se compose essentiellement de trois enceintes métalliques dont la première recevait l'animal en expérience ; la seconde, munie d'un robinet d'écoulement, de la glace fondante ; la troisième, extérieure, remplie également de glace, mettait l'enceinte moyenne à l'abri du rayonnement de l'atmosphère ambiante. Un courant d'air pur était entretenu autour de l'animal. Le poids de la glace fondue

(1) J. Gavarret, *De la Chaleur produite par les êtres vivants*. Paris, 1855.
(2) *Mémoires de l'Acad. des Sc.*, 1780, p. 369.

pendant l'expérience, multiplié par sa chaleur de fusion, représentait la chaleur perdue par l'animal — et, par conséquent, produite par lui — si sa température n'a pas varié. Un cochon d'Inde, dans une expérience qui dura dix heures, fit fondre 402gr27 de glace. Mais, fait observer Lavoisier, l'animal a dû se refroidir; et, de plus, toutes les humeurs exhalées par lui se sont refroidies à 0°. Le poids de 402gr27 est donc trop fort. Il n'aurait été que de 341gr08 si la température de l'animal n'avait pas changé et si les diverses exhalations avaient pu être éliminées.

Dans une autre expérience sur le cochon d'Inde, il avait dosé l'acide carbonique exhalé pendant dix heures et trouvé que cet animal brûlait, moyennement, 3gr333 de carbone. Or, 3gr333 de carbone dégagent, en brûlant, une quantité de chaleur capable de fondre 326gr75 de glace.

$\frac{326 \text{ gr. } 75}{341 \text{ gr. } 08} = 0,96$ représente donc le rapport entre la chaleur produite par un animal par sa respiration, et la chaleur qu'il perd pendant le même temps; et encore, fait remarquer Lavoisier, la quantité d'acide carbonique exhalé eût été, sans aucun doute, plus considérable si l'animal avait été placé, pendant l'expérience, dans une enceinte à 0° [1].

Le calorimètre de Lavoisier et Laplace est sujet à beaucoup d'objections. Au point de vue physique, il est très difficile, on peut même dire impossible, d'évaluer exactement la quantité de glace fondue : une certaine quantité d'eau, variable d'ailleurs, étant toujours retenue sur les parois de la seconde enceinte d'une part, — d'autre part, entre les fragments de la glace elle-même. Cette erreur, absolument inévitable, est encore multipliée par le facteur constant 79,2. On ne peut donc pas avec cet instrument obtenir des résultats précis. Au point de

(1) Il est intéressant de remarquer que déjà Lavoisier avait observé que la respiration est d'autant plus intense que la température extérieure est plus basse.

vue physiologique, l'animal, enfermé dans une enceinte métallique à 0°, dans un courant d'air froid, ne peut pas être considéré comme se trouvant dans des conditions normales. Il se refroidit considérablement à la fois par conductibilité et par rayonnement.

Si la méthode de la fusion de la glace, pour toutes ces causes d'erreurs, est complètement abandonnée, — la méthode qu'imagina Lavoisier pour l'étude de la respiration est encore aujourd'hui celle qui permet la mesure la plus précise des échanges gazeux respiratoires. Elle repose sur le principe suivant : Faire respirer un animal dans un *vase clos*. Absorber l'acide carbonique au fur et à mesure de sa production, et remplacer l'oxygène à mesure qu'il est absorbé [1].

En même temps que les travaux de Lavoisier, parurent ceux de Crawford [2]. Ici, l'animal est placé dans un manchon d'eau. L'échauffement de ce manchon permet de déterminer la quantité de calories cédées par l'animal. Dulong [3] a fait la critique de la méthode suivie par Crawford et a montré que les résultats obtenus, d'ailleurs très différents, étaient entachés de beaucoup d'erreurs.

Quoique imparfaites encore à beaucoup de titres, les recherches de Dulong et de Despretz réalisent un véritable progrès quant aux méthodes d'expérimentation. Elles furent instituées en 1823 pour déterminer les sources de la chaleur animale, sujet de prix proposé par l'Académie des Sciences de Paris.

Comme l'avait fait quarante ans auparavant Lavoisier,

(1) *Mémoires de l'Acad. des Sc.*, 1789, p. 566.

(2) *Experiments and Observations on animal heat and the inflammation of combustible bodies, being an attempt to resolve these phenomena into a general law of nature*, by Adam Crawford. A. M. London. (Cité *in* Gavarret, *loc. cit.*, p. 183. — Ch. Richet, *Arch. de Phys.*, 1885, II, p. 239.)

(3) *Mémoire sur la chaleur animale* (*Ann. de Ch. et de Phys.*, 1841, t. 1, 3e série, n° 142).

Dulong et Despretz mesurèrent, d'un côté, la quantité de chaleur perdue par l'animal pendant un temps donné; d'autre part, la chaleur produite par la respiration, en déduisant de la quantité d'oxygène absorbé et d'acide carbonique exhalé, les proportions de carbone et d'hydrogène *brûlés* et en multipliant le poids de chacun de ces corps par sa chaleur de combustion.

Dulong (1) se sert d'un calorimètre composé de deux enceintes concentriques. La première (intérieure) est en fer-blanc et munie d'un couvercle à fermeture hermétique. C'est dans cette boîte qu'est placé l'animal, préalablement enfermé dans une cage d'osier. Elle communique avec deux gazomètres : l'un, rempli d'air, qui sert à entretenir la respiration, l'autre qui reçoit les gaz expirés. La deuxième enceinte est aussi en fer-blanc. L'espace qui sépare les deux récipients est rempli d'eau. La boîte intérieure est complètement immergée. A la sortie de la cage qui contient l'animal, l'air passe dans un serpentin baigné par l'eau du calorimètre et se met en équilibre de température avec elle.

Le poids de l'eau et celui en eau des diverses pièces, métalliques et autres, du système, multipliés par l'élévation de température, représentent la chaleur cédée par l'animal. L'analyse de l'air expiré, le volume de l'air respiré étant connu, suffit pour déterminer l'oxygène absorbé et l'acide carbonique exhalé.

L'appareil de Despretz (2) est en tout semblable à celui de Dulong, sauf le perfectionnement consistant dans l'usage du mercure pour recueillir les gaz expirés. Despretz ne s'est jamais servi de son appareil gazométrique ainsi modifié. Comme Dulong, il a recueilli sur l'eau les gaz expirés.

(1) Dulong, *Ann. de Chim. et de Phys.*, 3e série, t. I, p. 440.
(2) *Ann. de Chim. et de Phys.*, 2e série, t. XXVI, p. 337.

« Ces deux physiciens ont introduit dans la méthode de Lavoisier un seul perfectionnement, qui d'ailleurs est considérable. Lavoisier, en effet, avait déterminé la chaleur perdue et la quantité d'oxygène absorbé par deux expériences distinctes et séparées exécutées sur le même animal. Dulong et Despretz ont mesuré ces deux éléments du problème simultanément et dans une même expérience pour chaque espèce animale soumise à leur observation [1]. »

Au point de vue expérimental, on peut reprocher à cette méthode : 1° l'élévation croissante de la température du milieu dans lequel est enfermé l'animal, élévation de température qui, comme nous le savons très bien aujourd'hui, influe beaucoup sur la radiation calorique; 2° le système permettant la mesure des échanges respiratoires : en recevant les gaz expirés sur l'eau, on perd forcément un peu d'acide carbonique.

Après les travaux de Dulong et de Despretz, nous ne trouvons plus, jusqu'à ces temps derniers, que des méthodes ne pouvant servir qu'indirectement à la détermination de la chaleur animale; les méthodes employées par les différents physiciens et physiologistes qui se sont occupés de la question, s'adressent surtout à l'étude des échanges chimiques respiratoires. Elles peuvent se diviser en trois catégories :

1° *Méthode indirecte* [Boussingault [2], Liebig [3], Barral [4]]. — Elle consiste à prendre un animal ou l'homme adulte, à lui fournir *sa ration d'entretien*, c'est-à-dire à le nourrir de façon à ce qu'il ne change pas de poids. Pendant toute la durée de l'expérience, on pèse et on analyse exactement le carbone,

(1) Gavarret, *loc. cit.*, p. 213.
(2) *Ann. de Chim. et de Phys.*, t. LXXXI, p. 113.
(3) *Chimie organique appliquée à la physiologie.*
(4) *Ann. de Chim. et de Phys.*, t. XXV, p. 129.

2

l'hydrogène, l'oxygène et l'azote total des aliments. De même pour ses excréments (urines et fèces). De la différence entre les *excreta* et les *ingesta*, on tire le carbone, l'eau et l'azote exhalés ou absorbés par la *perspiration.*

Les résultats fournis par cette méthode, dont l'application exige des connaissances et une pratique chimiques considérables, ne peuvent être considérés comme rigoureux que si l'on admet « que le sujet en expérience, en conservant le même poids, a gardé sa composition initiale », ce qui n'est pas toujours vrai.

2° *Méthodes directes servant au dosage exact de l'acide carbonique expiré.* (Boussingault, Letellier, Andral et Gavarret, Scharling, Pettenkofer et Voit, Voit, Arloing, Gréhant, Regnard, Richet et Hanriot...). — L'animal ou l'homme en expérience respire dans un courant d'air. On dose l'acide carbonique de l'air expiré après un temps donné.

MM. Andral et Gavarret dans leurs *Recherches sur la quantité d'acide carbonique exhalé par le poumon dans l'espèce humaine* [1], se sont servis d'un appareil qui se compose essentiellement de trois ballons dans lesquels on a fait le vide et qui sont mis, au moment de l'expérience, en communication avec un masque hermétique placé devant le nez et la bouche du sujet. Les robinets des ballons étant ouverts, l'homme respire dans le courant d'air aspiré du dehors par une ouverture pratiquée dans le masque vers les récipients vides d'air. On dosait ensuite CO^2 au moyen des appareils de Dumas et Boussingault.

L'appareil de Scharling [2] consiste en une grande caisse en bois de un mètre cube de capacité environ, lutée avec soin, et

[1] *An. de Chim. et de Phys.*, 3e série, t. VIII.

[2] *Recherches sur la quantité de CO^2 expiré par l'homme dans les vingt-quatre heures.* (*Ann. de Chim. et de Phys.*, 1843, t. VIII.)

munie d'ouvertures destinées à livrer passage à l'air. L'air expiré passe ensuite à travers des tubes à ponce sulfurique qui absorbent la vapeur d'eau, et des tubes à potasse qui absorbent l'acide carbonique.

L'appareil monumental de Pettenkofer et Voit (1) doit aussi être placé dans la catégorie de ceux destinés à mesurer l'acide carbonique; car, dans les expériences de Pettenkofer, les déterminations d'oxygène se font par la méthode indirecte. Le sujet respire dans une cloche. Les produits de sa respiration sont entraînés par un violent courant d'air entretenu par un moteur très puissant.

On soumet à l'analyse une partie seulement (mesurée à l'aide de compteurs) de l'air avant son entrée dans la cloche, et de l'air après sa sortie de la cloche. On mesure exactement à l'aide d'un troisième compteur, l'air total qui a été soumis à la respiration. De l'analyse des deux échantillons, et de la lecture des trois compteurs, on déduit la quantité d'acide carbonique exhalé pendant l'expérience.

Les appareils de Voit (2), de Liebermeister (3), de Burdon-Sanderson (4), d'Arloing (5)... sont construits sur le même principe.

Dans la méthode suivie par M. Gréhant (6), puis par MM. Gréhant et Quinquaud, pour l'étude de l'acide carbonique exhalé, soit par l'homme sain ou malade, soit par les animaux, le sujet en expérience, au moyen d'un masque adapté à un système de soupapes approprié, fait ses inspirations dans un sac de caoutchouc plein d'air, et rejette l'air

(1) Pettenkofer und Voit, *Ann. der Chem. und Pharm.*, CXLI, S. 295, 1867.
(2) *Zeit. für Biol.*, t. XI, 1875.
(3) *Deut. Arch. f. klin. Med.*, X, 89, 420.
(4) *Manuel du laboratoire de physiologie.*
(5) *Arch. de Physiologie*, 1886.
(6) *Journal de l'Anat. et de la Phys.*, 1880, p. 330.

expiré dans un autre sac vide. L'acide carbonique est dosé après l'expérience.

Citons encore, dans la même série d'appareils, celui de M. P. Regnard ([1]). A l'aide du *ferme-bouche* Denayrouse et d'un tube à boules faisant l'office de deux soupapes de Müller, une petite pincette fermant les narines, le sujet envoie l'air *expiré* dans un sac de caoutchouc de deux cents litres environ. On mesure le volume de cet air et on y dose l'acide carbonique.

Tout récemment enfin, MM. Richet et Hanriot ([2]) ont entrepris des recherches sur les variations de l'acide carbonique exhalé dans certaines conditions d'expérimentation. Leur méthode, à la fois très simple et très ingénieuse, consiste à faire passer l'air inspiré par un premier compteur et l'air expiré par un compteur qui le mesure, puis par un récipient où l'acide carbonique est absorbé par de la potasse, et enfin par un troisième compteur qui mesure l'air purgé d'acide carbonique. Le compteur 1 donne la quantité d'air inspiré. Le compteur 2 donne la quantité d'air expiré. Le compteur 3 permet de déterminer, par différence, l'acide carbonique exhalé ([3]).

3° *Méthodes permettant le dosage de tous les gaz de la respiration.* (Regnault et Reiset, Ludwig et ses élèves, Jolyet et Regnard......). — Dans le remarquable appareil de Regnault et Reiset ([4]), l'animal est placé dans une *cloche*, qui peut être maintenue à une température constante et communique, d'une part, avec un *système condenseur de l'acide carbonique* exhalé par la respiration, d'autre part, avec le *réservoir d'oxygène*, destiné à remplacer celui qui est absorbé.

Le système condenseur de l'acide carbonique se compose de

([1]) *Variations pathologiques des combustions respiratoires*. Paris, 1879.

([2]) *C. R. Ac. des Sc.*, t. CIV, et *Soc. de Biol.*, 1886.

([3]) M. d'Arsonval a décrit (*Soc. de Biol.*, 1887) un « appareil pour inscrire la quantité d'oxygène absorbée par un être vivant. »

([4]) *Ann. de Chim. et de Phys.*, 3e série, t. XXVI, 1849, p. 310-329.

deux pipettes, contenant une dissolution de potasse caustique de poids et de composition connus, recevant un mouvement vertical d'oscillation qui fait que chacune d'elles se vide et se remplit alternativement. — Lorsqu'une pipette se vide, elle aspire l'air de la cloche et cet air, au contact de la potasse, laisse son acide carbonique. Lorsqu'elle se remplit, elle refoule dans la cloche de l'air dépouillé de CO^2.

L'absorption de l'acide carbonique produit une diminution de pression grâce à laquelle l'oxygène du réservoir pénètre dans la cloche et vient y maintenir constante la composition de l'air soumis à la respiration.

Une analyse de l'air contenu dans l'appareil après l'expérience (son volume étant déterminé), — le volume de l'oxygène qui a pénétré dans la cloche étant connu — suffit, avec le titrage de la dissolution de potasse, pour déterminer l'oxygène absorbé, l'acide carbonique exhalé, les variations de l'azote (1).

Regnault et Reiset ont fait de très nombreuses expériences sur les mammifères, les oiseaux, les reptiles, et « l'exactitude du procédé opératoire, la mesure des gaz fournis, l'analyse des gaz recueillis sont à l'abri de toute discussion possible...; mais il a trop sacrifié l'élément physiologique à l'élément physico-chimique de la question... Un chien, dont le poids dépasse six kilogrammes, enfermé pendant trente heures dans une cloche dont la capacité ne dépasse pas quarante-cinq litres, entouré d'une atmosphère complètement saturée d'humidité et contenant deux pour cent d'acide carbonique, ne nous paraît pas être placé dans des conditions normales (2). »

C'est pour répondre à cette objection que MM. Jolyet et

(1) Pour la description de l'appareil de Ludwig, voir : Cyon, *Methodik*, p. 228 et pl. XXVIII, fig. 1.

(2) Gavarret, *loc. cit.*, p. 245.

REGNARD [1] ont modifié l'appareil de Regnault, tout en en conservant les dispositions générales. C'est aussi un appareil de ce genre, légèrement modifié, qui a servi à MM. JOLYET et BERGONIÉ, et à nous, pour l'étude des échanges gazeux respiratoires chez l'homme. En voici la description :

« Il comprend quatre parties, communiquant entre elles et formant un espace clos et rigide : 1° une cloche dans laquelle le sujet en expérience respire ; 2° un système de pipettes oscil-

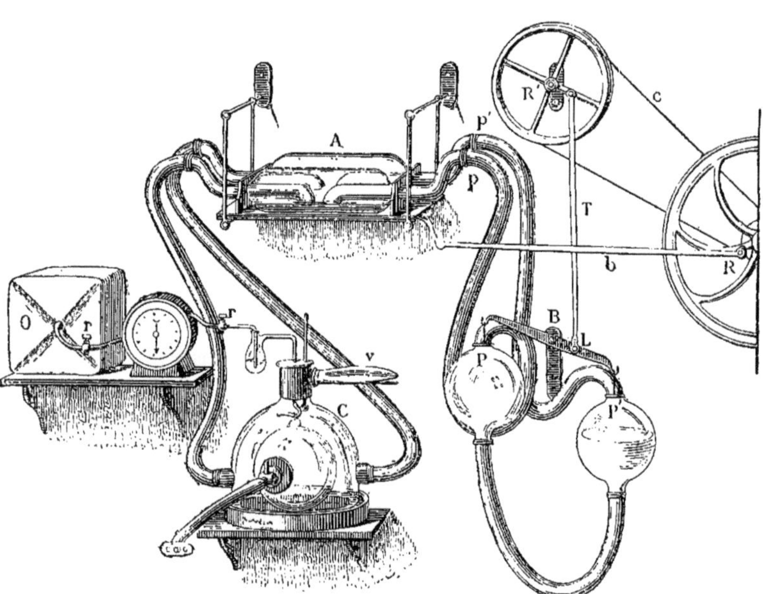

FIG. 1. — Appareil de MM. JOLYET, BERGONIÉ et SIGALAS, pour l'étude de la respiration de l'homme.

lantes, à glycérine ; 3° un appareil condenseur de CO^2 ; 4° un réservoir servant à fournir et à mesurer l'oxygène.

» Pour en faire comprendre en même temps la composition

(1) *Description des appareils et des procédés d'analyse pour l'étude des gaz de la respiration* (Soc. de Biol., 1887).

détaillée et le fonctionnement, supposons en train une expérience de respiration pulmonaire.

» Le sujet est muni d'un masque hermétique qui communique par un robinet à trois voies avec une des tubulures de la cloche. A une tubulure opposée est adapté un sac de caoutchouc de 1 litre de capacité. L'individu respire d'abord au dehors. Lorsque l'expérience doit commencer, on tourne convenablement la clef du robinet à trois voies, juste à la fin d'une inspiration. La première expiration dans la cloche est recueillie par le sac de caoutchouc, et, par ce moyen, le sujet situé au dehors de la cloche se comporte comme s'il y était inclus, c'est-à-dire sans y produire de modifications de pression autres que celles qui résulteront de la consommation graduelle de l'oxygène.

» L'air vicié de la cloche est entraîné par le mouvement des pipettes à glycérine (qui n'absorbe pas CO^2), dont le rôle unique est ici de le faire passer à chaque mouvement de va-et-vient à travers l'appareil condenseur de l'acide carbonique.

» Celui-ci se compose de deux flacons intercalés sur les tubes de communication des pipettes à la cloche; ils renferment une dissolution titrée de potasse qui est violemment agitée et pulvérisée au moyen d'un mouvement rapide et saccadé communiqué par une bielle articulée au volant du moteur qui met les pipettes en mouvement.

» L'avantage de cette séparation des deux systèmes, pipettes et condenseurs, qui sont réunis dans l'appareil de Regnault et Reiset, est : 1° de pouvoir donner aux pipettes des dimensions assez grandes pour opérer une bonne circulation d'air, tout en permettant de restreindre au nécessaire les quantités de dissolution de potasse employées; 2° par le fait de la pulvérisation de la potasse, de dépouiller instantanément l'air qui traverse les condenseurs de tout son acide carbonique.

» L'absorption de CO^2 tend à produire une diminution de pression utilisée pour faire un appel d'oxygène qui vient remplacer l'acide carbonique absorbé. Cet oxygène passe à travers un compteur-enregistreur, qui inscrit à mesure les quantités absorbées.

» On peut donner au taux de l'acide carbonique dans l'air de l'appareil toutes les valeurs possibles, en faisant varier le volume des pipettes et le nombre de leurs mouvements. En effet, en désignant par q la quantité de CO^2 contenue dans l'unité de volume de l'air de l'appareil, par V le volume des pipettes, par R la quantité de CO^2 exhalé à chaque mouvement respiratoire dont le nombre est n pendant la montée d'une des pipettes, on a

$$Vq = nR,$$

d'où

$$q = \frac{nR}{V}.$$

On peut aussi connaître très simplement *a priori* le volume des pipettes étant donné, quel doit être le volume de la cloche (variable à volonté) pour obtenir un taux choisi d'acide carbonique.

» Cette élasticité de l'appareil nous permettra d'étudier la manière dont varient les échanges gazeux respiratoires lorsqu'on fait varier le taux de CO^2 dans l'air inspiré, étude dont l'importance est facile à apercevoir. Elle nous permettra, de plus, de limiter la masse d'air servant à la respiration, de telle sorte qu'une quantité d'azote exhalée ou absorbée, fût-elle très petite, fasse varier notablement le taux de ce gaz.

» On empêche l'état hygrométrique de l'air respiré de s'élever au-dessus d'une certaine valeur, en disposant dans l'appareil un bain d'acide sulfurique. L'air expiré vient lécher la surface du bain et s'y débarrasse des matières organiques qu'il contient (1).

Si l'étude des produits de la respiration a toujours occupé les physiologistes, ce que prouvent le nombre et la diversité des méthodes employées, la calorimétrie directe, c'est-à-dire la mesure directe de la chaleur dégagée par un animal vivant, a été longtemps négligée. Les recherches de ce genre sont toutes très récentes.

MM. Klebs et Sapalski (2) ont étudié la chaleur produite par les animaux fébricitants, à l'aide d'un calorimètre à air, qui était incapable de donner des résultats certains : ils calculaient la chaleur dégagée en mesurant l'élévation de température de l'air confiné dans l'enceinte où était placé l'animal en expérience.

M. Senator (3) s'est servi d'un calorimètre à eau, qui est semblable, dans ses parties essentielles, à celui de Dulong. Pour éviter le refroidissement de l'animal, il remplissait l'appareil d'eau à (26°5 — 29°). La ventilation de l'enceinte se faisait par aspiration, et le dosage de l'acide carbonique était effectué par la méthode Pettenkofer. Il a fait ainsi des expériences sur les chiens et a étudié l'influence sur la production de chaleur de l'état de jeûne, de digestion, d'inanition.

Liebermeister (4) et ses élèves Kernig (5) et Hattvig (6) ont employé la *méthode du bain*, qui a l'avantage de permettre des expériences sur l'homme.

Le sujet est plongé dans un bain dont on connaît la tempé-

(1) Jolyet, Bergonié et Sigalas, *C. R. Ac. des Sc.*, 22 août 1887.

(2) Sapalski, *Würzburger Verhandl.*, III, S. 142, 1872.

(3) Senator, *Centralbl. f. d. med. Wiss.*, 1871, nos 47 et 48, et *Arch. Anat. u. Phys.*, 1872, S. 1, und 1874, S. 18.

(4) *Jahresberichte* de Hofmann et Schwalbe, 1871, p. 581.

(5) *Contribution à l'étude de la rég. de la chaleur*. Thèse, Dorpat, 1864.

(6) *Causes de l'élévation de température dans les fièvres*. Thèse, Berlin, 1869.

rature. On note la température du bain et celle du sujet à la fin de l'expérience, et de ces variations de température on déduit la chaleur cédée par l'homme au calorimètre, en se basant sur les principes suivants :

I. *Méthode des bains froids.* — Quand un corps susceptible de produire de la chaleur est placé dans une enceinte où il perd de la chaleur, si sa température reste constante, la quantité de chaleur perdue est égale à celle qu'il produit pendant le même temps.

II. *Méthode des bains à la température du corps.* — Lorsqu'un corps, de poids P et de chaleur spécifique C, qui produit de la chaleur, est placé dans une enceinte qui ne peut ni l'échauffer ni le refroidir; si sa température s'élève de T°, la quantité de chaleur *créée* pendant ce temps est égale au produit $P \times C \times T$.

Cette méthode est absolument inexacte. Un individu placé dans un bain à 18° se refroidit. Dans un bain à la température du corps, il s'échauffe. Il ne reste donc pas dans des conditions normales. D'autre part, la tête du sujet reste hors du bain. On ne tient donc pas compte de la perte de chaleur par l'air expiré et du rayonnement de la tête.

De plus, au point de vue physique, il est très difficile d'évaluer exactement la température du corps humain. Il est impossible d'admettre que chaque point du corps a acquis dans l'unité de temps la même température que l'endroit où le thermomètre est appliqué. Il est aussi très difficile de connaître exactement la température moyenne d'une masse d'eau de 300 litres et une faible erreur dans cette évaluation en entraîne une considérable dans les calories trouvées.

M. Rosenthal (1) indiqua en 1878 un nouveau calorimètre qui

(1) J. Rosenthal, *Arch. für Phys.*, 1878, p. 349. Ce même auteur a construit un calorimètre de plus grande dimension que le précédent, qui lui a permis d'expéri-

consiste en une double enceinte métallique contenant un liquide volatil dont le point d'ébullition est déterminé. (Aldéhyde, 21°.) L'animal placé dans l'appareil fait évaporer une certaine quantité de liquide, qui permet de calculer la chaleur produite.

On trouve encore, dans le mémoire de M. Ch. Richet [1], l'indication d'un travail de M. Wood qui, à l'aide d'un calorimètre analogue à celui de Despretz, a fait de très nombreuses expériences sur les chiens et les lapins.

Pour le chien, il trouve en moyenne.....	3c275	par kilo-heure.
Pour le lapin, — —	3c625	—

En 1879, dans un beau mémoire sur la chaleur animale, M. d'Arsonval, après avoir établi les conditions d'exactitude physique et physiologique que doit présenter une bonne méthode calorimétrique, décrit les appareils qu'il a employés :

« Le calorimètre est constitué par une cavité environnée d'eau de toutes parts, dans laquelle se trouve placé l'animal en expérience. L'espace annulaire contenu entre les deux parois est traversé par deux serpentins, l'un à travers lequel les gaz respirés par l'animal s'échappent après avoir cédé leur chaleur au calorimètre; l'autre placé sur le trajet d'un courant d'eau à 0° qu'il ne laisse sortir qu'à une température déterminée N. Cette eau entrant à 0° dans le calorimètre et en ressortant à N°, gagne N calories par litre écoulé..... Le calorimètre lui-même règle automatiquement cet écoulement à l'aide d'un régulateur à soupape...

» L'eau à 0° ne peut traverser le calorimètre qu'autant que la soupape du régulateur est soulevée par la dilatation du

menter sur des chiens et d'étudier l'influence de la taille, de l'alimentation. (Voir *Arch. für Anatomie und Physiologie*, 1889, I u. II Heft.)

[1] *Arch. de Phys.*, 1885.

liquide contenu dans le calorimètre. Si la température du calorimètre tend à augmenter, cette soupape se soulève et l'eau à zéro entre dans le calorimètre, s'empare de la chaleur dégagée (1), » et ramène à l'état initial la température du calorimètre.

L'appareil, pour donner des résultats précis, doit être placé dans un milieu à température constante. M. d'Arsonval a pu supprimer l'enceinte à température constante en faisant ses expériences dans une cave de son laboratoire du Collège de France dont la température n'est soumise qu'à des variations très faibles, ou encore en environnant le calorimètre d'un grand réservoir annulaire plein d'eau.

M. d'Arsonval décrit ensuite les procédés qu'il emploie pour mesurer des absorptions de chaleur.

Nous trouvons à la fin de son mémoire des « Expériences comparatives faites sur les quantités de chaleur produites par des animaux de différentes espèces ».

La méthode décrite ci-dessus, reposant sur l'invariabilité de la température du calorimètre, est certainement la plus exacte de toutes celles employées jusqu'ici. Mais *elle nécessite de la part de l'opérateur une assez grande habitude de l'expérimentation.* Pour simplifier l'appareil instrumental, M. d'Arsonval a imaginé la *calorimétrie par rayonnement* (2). L'appareil employé est semblable au premier calorimètre, avec cette différence qu'ici le corps dilatable entourant l'animal est de l'air et que la chaleur produite par l'animal est enlevée par le rayonnement de l'appareil au lieu de l'être par un courant d'eau.

«... Il se compose de deux vases cylindriques concentriques

(1) D'Arsonval, *Travaux du laboratoire de M. Marey*, p. 400 et suiv.

(2) D'Arsonval, *Recherches de calorimétrie* (in *Journal de l'Anatomie et de la Physiologie*, 1886, p. 150).

limitant deux cavités : une intérieure, où se place le sujet en expérience; une annulaire, hermétiquement close et pleine d'air. Cette cavité communique par un tube avec un manomètre rempli d'eau... C'est un grand thermomètre périphérique creux dans lequel la source de chaleur est enfermée... D'après la loi de Newton, la quantité de chaleur rayonnée, (c'est-à-dire produite) en un temps donné est proportionnelle jusqu'à 30° à l'élévation de la colonne manométrique... Pour éliminer les deux corrections relatives aux variations barométriques et thermométriques du milieu ambiant, la seconde branche du manomètre est reliée soit à un second calorimètre, soit simplement à un grand vase qui se trouve dans la même pièce que le calorimètre [1]. » De plus, et ceci a bien son importance, M. d'Arsonval a rendu son appareil enregistreur des calories, à l'aide d'un dispositif très ingénieux qu'on trouvera décrit dans son mémoire.

A la même époque, M. Ch. Richet imagina un appareil à rayonnement *(calorimètre à siphon)* fondé sur le principe suivant :

« Si un animal est enfermé dans une enceinte à double » paroi, la chaleur rayonnante émise par lui va chauffer la » double paroi qui l'entoure; alors l'air qui y est contenu va » s'échauffer et, par conséquent, se dilater. De sorte que, pour » mesurer la chaleur émise, il suffira de mesurer la dilatation » de l'air contenu dans la double enceinte... Pour mesurer la » dilatation de l'air, on met l'enceinte calorimétrique en com- » munication avec un grand vase hermétiquement clos, rempli » de liquide avec un siphon amorcé; dans ces conditions, la » moindre augmentation de pression fera écouler l'eau du » siphon, et la quantité d'eau qui tombera sera précisément

[1] D'Arsonval, *loc. cit.*, p. 151 et suiv.

» égale en volume à la dilatation de l'air... Si l'on recueille, » dans une éprouvette graduée, l'eau qui s'écoule, on mesure » ainsi exactement la dilatation de l'air du récepteur calori- » métrique. L'élément essentiel de cet appareil, c'est qu'il » travaille toujours à pression nulle, condition absolument » nécessaire pour que la sensibilité soit suffisante. Cette pres- » sion nulle s'obtient en ramenant toujours le siphon au niveau » exact de l'eau du vase clos [1]. »

Le récepteur calorimétrique peut être quelconque, il faut seulement que son volume ne soit pas trop considérable. Celui dont l'auteur s'est servi avec le plus d'avantages, consiste en un serpentin tubulaire en cuivre, disposé en forme de double hémisphère, articulé par une charnière. Chacun des deux serpentins est relié par un tube en caoutchouc qui commu- munique avec le vase clos.

Pour graduer son appareil, M. Ch. Richet place, dans le récepteur, un poids d'eau connu p à une température t. Cette eau se refroidit de θ degrés pendant un temps donné, cédant au calorimètre $p\theta$ calories. Ces $p\theta$ calories ont fait écouler n^{cc} d'eau — d'où $\frac{p\theta}{n}$ représente, en calories, la quantité de chaleur correspondante à la chute de un centimètre cube d'eau.

A l'aide de son calorimètre à siphon, M. Ch. Richet a fait de très nombreuses expériences de calorimétrie animale. Il a étudié successivement l'influence sur la production de chaleur de la *taille*, de la *température extérieure*, de l'*espèce* et du *tégument*, — la production de chaleur chez les lapins *rasés* et *mouillés*, — l'influence de l'*électrisation*, de quelques *substances toxiques*, et enfin, du *système nerveux central*. Nous aurons l'occasion de revenir, plus loin, sur quelques-uns des résultats qu'il a obtenus.

[1] Richet, *Recherches de calorimétrie* (*Archives de Physiologie*, 1885, 2e série, p. 247 et suiv.).

C'est à M. Ch. Richet que sont dues les premières observations de calorimétrie directe faites sur des enfants. Après lui, et avec son appareil, M. P. Langlois (1) a fait de très nombreuses expériences sur la production de chaleur, chez les enfants, à l'état sain et à l'état de maladie.

Aux calorimètres par rayonnement on peut objecter, comme causes d'erreur ou d'inexactitude (2) :

1° *Les variations de la température et de la pression extérieures.* — Pour annuler les effets de ces variations, M. d'Arsonval se sert de deux calorimètres semblables, en communication avec deux cloches métalliques, plongeant dans l'eau de deux réservoirs communiquant entre eux par un tube latéral, suspendues à chaque extrémité d'un fléau de balance équilibré. Si un des calorimètres reçoit de la chaleur, la cloche correspondante est soulevée par la dilatation de l'air; si les deux calorimètres sont échauffés également, les deux cloches se feront équilibre et le fléau restera immobile. M. Ch. Richet tient compte, dans ses calculs, des variations de la température extérieure; mais, ajoute-t-il, plus la température du milieu ambiant est fixe, plus l'observation sera juste.

2° *Les modifications dans le pouvoir émissif de la surface du calorimètre.* — Pour rendre ce pouvoir émissif constant, M. d'Arsonval recouvre la surface extérieure du calorimètre d'une couche de peinture à la céruse, qui a pour effet, aussi, de rendre le pouvoir émissif plus considérable et d'éviter la production, dans l'intérieur de l'appareil, d'une température trop supérieure à celle du milieu ambiant.

3° *La formation*, dans le récepteur calorimétrique où l'animal respire, d'*un milieu artificiel* de température notablement supérieure à celle de l'air ambiant, dont l'état hygrométrique est

(1) P. Langlois, Thèse, Paris, 1887.
(2) D'Arsonval, *Soc. de Biol.*, 1884.

aussi plus élevé, et, enfin, de composition chimique différente. L'atmosphère dans laquelle est placé le sujet en expérience est toujours, par conséquent, dans une certaine mesure anormale.

Signalons encore le travail de M. V. Desplats (1), qui a employé, dans ses recherches, la méthode qui a servi à M. Berthelot pour mesurer les quantités de chaleur dégagées ou absorbées dans des actions chimiques. Son appareil se compose de trois parties : 1° une boîte métallique dans laquelle on place l'animal en expérience; 2° un calorimètre à eau, analogue à celui de M. Berthelot; 3° un système destiné à recueillir et à doser les gaz expirés. L'animal respire dans un courant d'air normal. Il ne se refroidit pas dans les expériences qui durent une heure ou une demi-heure.

M. Desplats n'a expérimenté que sur des animaux de petite taille (rats, jeunes cobayes, petits oiseaux) à l'état physiologique. Il a recherché ensuite l'influence de l'oxyde de carbone et de l'alcool sur la calorification et sur les échanges respiratoires.

Tout récemment enfin M. Quinquaud, pour des recherches sur l'*Influence du froid et de la chaleur sur les phénomènes chimiques de la respiration et de la nutrition élémentaire* (2), a fait des mesures de calorimétrie animale à l'aide d'un appareil dont le principe est aussi le même que celui du calorimètre employé en chimie par M. Berthelot. Comme dans la méthode précédente de M. Desplats, M. Quinquaud détermine en même temps sur les animaux la chaleur émise et les gaz de la respiration.

On voit tout de suite d'après ce court aperçu, que de nombreux travaux ont été faits sur les phénomènes chimiques de la respiration et sur la chaleur dégagée par les êtres vivants.

(1) V. Desplats, *Nouvelle méthode directe pour l'étude de la chaleur animale* (*Journal de l'Anatomie et de la Physiologie*, 1886, p. 213).

(2) *Journal de l'Anatomie et de la Physiologie*, 1887, p. 327.

Mais on remarquera que, depuis les recherches de Dulong et de Despretz, on ne trouve guère dans l'histoire de la calorimétrie animale que des méthodes expérimentales appliquées seulement à la mesure de la quantité de chaleur rayonnée par un animal vivant (d'Arsonval, Richet, Rosenthal...) ou à l'étude des phénomènes chimiques de la respiration. (Regnault et Reiset, Pettenkofer et Voit, Jolyet et Regnard...).

La méthode dont nous nous sommes servi nous permettra d'étudier, dans une même expérience, pour chaque espèce animale, la chaleur dégagée et les gaz de la respiration.

CHAPITRE II

APPAREIL D'ÉTUDE ET MÉTHODES D'EXPÉRIMENTATION

L'appareil employé comprend deux parties essentielles :

1° Un système permettant la mesure de la chaleur dégagée [1] ;

2° Un système destiné à déterminer les quantités d'oxygène absorbé et d'acide carbonique exhalé.

1° Le calorimètre dont nous nous sommes servi est celui de M. d'Arsonval, à température constante, dont nous avons indiqué plus haut le principe. Il est représenté en *C* dans la figure 2. On y voit très bien les deux récipients cencentriques (en cuivre) qui limitent deux cavités : une, centrale, où on place l'animal en expérience ; l'autre, annulaire, qui contient le liquide dilatable (pétrole). Le serpentin à air et le serpentin à eau sont figurés en 1–1′ et en 2–2′. M. d'Arsonval a supprimé le serpentin à air qui servait à faire passer les gaz de la respiration dans son premier appareil parce que la vapeur d'eau s'y condensait et ne pouvait s'écouler au dehors, l'instrument étant couché horizontalement. Il l'a remplacé par une simple lame métallique formant plafond, placée très près de la paroi supérieure du calorimètre. Les gaz, pour sortir de l'enceinte, se laminent contre le calorimètre et lui cèdent toute leur chaleur [2].

(1) Le calorimètre a été construit sur nos indications par M. le Dr Gendron, constructeur à Bordeaux.

(2) *Journal de l'Anatomie et de la Physiologie*, 1886, p. 144, fig. 18.

Nous avons conservé les deux serpentins du modèle primitif de M. d'Arsonval, mais en donnant au serpentin à air un diamètre assez considérable (diamètre intérieur = $1^{cm}5$) pour n'avoir pas à redouter une accumulation d'eau, résultant de la vapeur exhalée par l'animal, susceptible d'empêcher la cir-

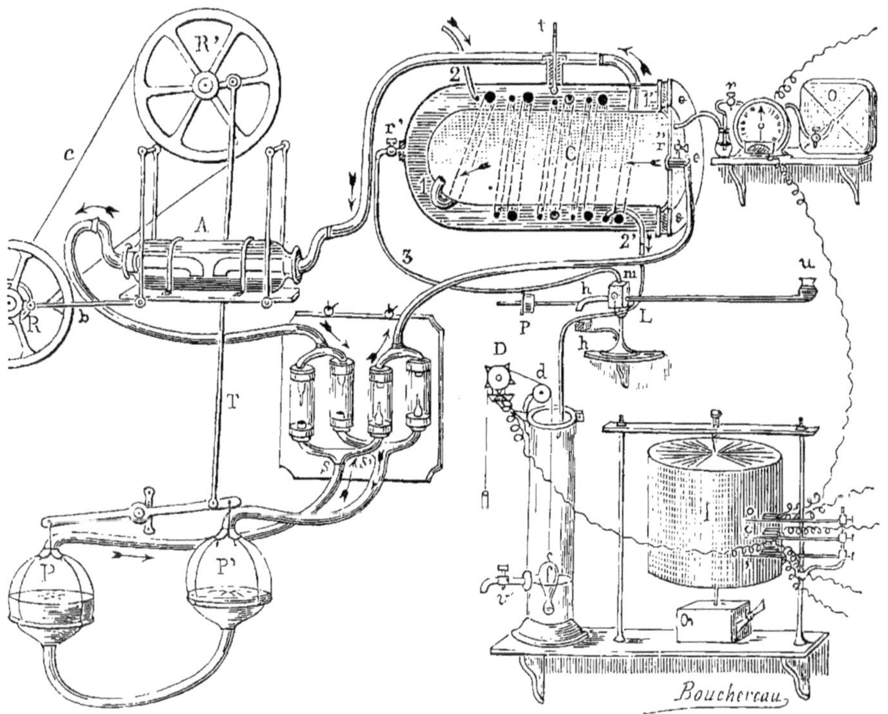

Fig. 2. — Appareil pour l'étude simultanée de la radiation calorique et des combustions respiratoires.

culation de l'air. L'épaisseur de paroi du tube 1 = $0^{mm}5$. Il nous a semblé qu'on était plus sûr, avec ce dispositif, de ne laisser sortir l'air expiré qu'après avoir cédé toute sa chaleur au liquide contenu dans l'espace annulaire. Nous avons donné au calorimètre une forme cylindro-sphérique qui empêche les déformations possibles lorsqu'on introduit l'animal dans son intérieur, déformations qu'il est, comme on le verra plus loin, absolument essentiel d'éviter. Le serpentin 2-2′ est mis en communication, d'une part avec la *source de froid compensatrice*, d'autre part avec le *régulateur d'écoulement*.

Source de froid compensatrice. — Il y aurait avantage, au point de vue de la sensibilité de l'appareil, à se servir, comme source compensatrice, d'eau à une température très peu inférieure à celle du calorimètre. Si nous désignons, en effet, par t la température du calorimètre, par t' celle de l'eau compensatrice, par P le poids de l'eau que fait écouler une source de chaleur placée en C, P $(t - t')$, représente, en calories, la quantité de chaleur cédée au calorimètre.

L'erreur possible dans l'évaluation du poids de l'eau écoulée est donc multipliée par le facteur $(t - t')$. Ce facteur a une certaine importance pour des expériences qui se font à des températures extérieures de 15° et au-dessus. Nous avons un instant songé à utiliser l'eau de la ville, accumulée, pour les besoins des différents services de la Faculté de médecine, dans de vastes réservoirs en tôle situés dans les caves, eau dont nous avons reconnu la température constamment inférieure de 1 à 2° à celle de la salle où nous expérimentions. Mais, pour un tel facteur $(t - t')$ les quantités d'eau écoulées auraient été très considérables dans les expériences d'une durée égale à deux heures et quelquefois supérieure. D'autre part, il nous eût été très difficile d'avoir une pression rigoureusement constante.

On peut éviter d'ailleurs, à l'aide du dispositif que nous avons adopté, toute erreur appréciable dans l'évaluation du volume d'eau écoulé.

Nous nous sommes donc servi d'eau à zéro. Cette eau à zéro était obtenue au moyen d'une glacière renfermant un récipient métallique, en forme de bouteille, entouré de glace. Le fond de ce récipient, tubulé, était mis en communication par un tube de caoutchouc à paroi épaisse et à faible diamètre avec le serpentin 2. On introduisait chaque jour de la glace pilée dans l'intérieur et de la glace en gros fragments autour du récipient. On obtenait ainsi une provision suffisante d'eau à zéro.

De plus, le récipient est transformé en *vase de Mariotte*, de manière à obtenir une pression constante. Cette précaution est indispensable pour le bon fonctionnement du régulateur d'écoulement.

Régulateur d'écoulement. — Notre régulateur consiste en un fléau de balance L à bras inégaux, dont l'un, constitué par un tube creux, est terminé par un petit récipient *u*, et communique en *m* à l'aide d'un tube flexible soutenu verticalement au-dessus de l'axe de suspension du système avec le liquide enfermé dans le manchon du calorimètre. L'autre bras est formé par une tige métallique le long de laquelle peut se mouvoir un contrepoids *p*. Cette tige supporte, en outre, une petite pièce métallique *h*, sous laquelle se trouve une autre pièce semblable *h'* fixée au pied de l'appareil. C'est entre ces deux pièces *h* et *h'* que passe le tube de caoutchouc qui termine le serpentin 2' d'eau à zéro.

Le contrepoids *p* étant placé de telle façon que le tube de caoutchouc ne laisse plus l'eau du serpentin 2-2' s'écouler pour une température *t* du calorimètre, il suffira de la moindre source de chaleur placée en C pour échauffer et dilater le pétrole. La moindre dilatation du liquide du calorimètre suffira pour augmenter la quantité de liquide contenu en *u* et, par conséquent, pour soulever la pièce *h*. L'eau de la source compensatrice pourra donc s'écouler, et l'écoulement de cette eau ne cessera que lorsque le pétrole du manchon étant revenu à sa température primitive, et, par conséquent, à son volume primitif, le contrepoids sera redevenu suffisant pour comprimer de la même façon qu'au début de l'expérience le tube de caoutchouc[1]. Ce tube d'écoulement arrive dans l'éprouvette t, qui sert à recueillir l'eau écoulée et à inscrire les calories dégagées.

L'inscripteur des quantités d'eau écoulées, et, par conséquent des calories dégagées est figuré en D, d sur le dessin. Dans l'éprouvette qui reçoit l'extrémité du tube de caoutchouc adapté au serpentin 2-2', est placé un flotteur en verre, lesté avec du mercure et muni d'un fil qui passe en d sur la gorge d'une poulie, laquelle le renvoie sur une roue dentée D. Grâce au petit poids tenseur fixé à l'extrémité du fil, la roue dentée tourne à mesure que l'eau s'élève dans l'éprouvette. Au-dessous de D, un petit godet de mercure est disposé de telle façon que les dents de la roue, arrivant au contact du mercure, établissent un courant électrique qui actionne un signal Deprez, c.

L'éprouvette est calibrée de telle façon que cinquante centimètres cubes d'eau écoulés fassent parcourir au flotteur un espace suffisant pour que la roue tourne d'une dent. Le signal c inscrit donc des fractions de quantité de chaleur dégagée égales à $\frac{50 \times t}{1000}$ calories, t représentant la température du calorimètre au moment de l'expérience. Pour $t = 10°$, le signal marque les $\frac{50 \times 10}{1000} = \frac{500}{1000} = 0^{cal.}5$.

La figure, mieux qu'une description trop longue, fera saisir la disposition de ces deux pièces très importantes pour le bon fonctionnement du calorimètre : *régulateur d'écoulement, appareil inscripteur des calories.*

Ajoutons que le calorimètre est fermé par une glace épaisse

[1] L'idée première de ce régulateur nous est venue en voyant fonctionner dans le laboratoire de M. le professeur Blarez un appareil pour évaporation continue des liquides, qu'on trouvera décrit et figuré *in Mémoires de la Société des Sciences physiques et naturelles de Bordeaux*, 1888-89.

percée d'un certain nombre de trous, appliquée, au moyen d'écrous convenablement disposés et par l'intermédiaire d'une épaisse rondelle de caoutchouc, sur les bords du calorimètre. On obtient ainsi un récipient absolument clos. Un thermomètre *t*, gradué en vingtièmes de degré, donne à chaque instant la température de l'appareil. De plus, et ceci nous a permis de supprimer une enceinte à température constante, nous avons installé notre calorimètre dans une pièce du sous-sol du laboratoire de médecine expérimentale de la Faculté, pièce dont la température n'était soumise qu'à des variations insignifiantes, comme nous nous en sommes assuré à l'aide d'un thermomètre inscripteur.

2° Le système destiné à la mesure de l'oxygène absorbé et de l'acide carbonique exhalé a été construit d'après l'appareil de Regnault et Reiset, ou mieux, d'après l'appareil de MM. Jolyet et Regnard et celui qui a servi plus récemment à MM. Jolyet et Bergonié et à moi pour l'étude des échanges respiratoires chez l'homme.

En principe, notre appareil est le même que le précédent dans lequel la cloche où l'homme respire est remplacée par le calorimètre. Tel qu'il était, cependant, il ne pouvait pas satisfaire aux besoins spéciaux de nos expériences calorimétriques.

Il est indispensable, en effet, pour nos recherches que l'air respiré par l'animal placé dans le calorimètre C suive toujours la direction indiquée par les flèches, c'est-à-dire entre dans le serpentin par l'ouverture 1 et en sorte par l'ouverture 1', après seulement avoir cédé toute sa chaleur au liquide dilatable et être revenu, par conséquent, à la température *t*. Or, comme dans celui de Regnault et Reiset, dans l'appareil de MM. Jolyet et Regnard, etc..... et dans tous ceux construits sur le même modèle, le courant d'air fourni par le jeu des pipettes va tantôt dans un sens, tantôt dans l'autre, ce qui, d'ailleurs, n'importait nullement pour les expériences entreprises par leurs auteurs.

La modification que nous avons dû introduire dans l'appareil à respiration, pour être certain de mesurer *toute la chaleur* dégagée par l'animal (peau et poumon) pendant un temps donné, consiste en un système de soupapes *s–s'*, intercalé entre les pipettes d'une part, et le calorimètre et le condenseur d'acide carbonique d'autre part.

Grâce à ce jeu de soupapes, *l'air est toujours envoyé, par chacune des pipettes, dans la même direction : il entre par l'ouverture pratiquée dans la glace obturatrice et sort par le serpentin* 1–1'. Considérons, en effet, les pipettes P et P' dans la situation qu'elles ont respectivement sur la figure : la pipette P se remplit, P' se vide. L'air est donc chassé vers le système *s*; comme on le voit facilement, il ne peut passer que dans la branche droite ; de là, il est forcé de remonter vers C ; de servir à la respiration de l'animal ; de céder, pendant son trajet de 1 à 1', toute la chaleur qu'il vient d'acquérir au liquide dilatable ; de passer en A à travers la vaporisation de potasse qui lui enlève son CO^2 ; et enfin de revenir par la branche gauche du système *s'* vers la pipette P', dont le mouvement de montée fait en ce moment une véritable pompe aspirante.

Cette pipette P' va maintenant se remplir, pendant son mouvement de descente ; on voit tout de suite que l'air (purgé de CO^2) va être poussé vers le système *s'*, puis vers C, vers A et enfin vers la pipette P.

Nous nous sommes servi de soupapes en caoutchouc. Elles pourraient être remplacées, théoriquement au moins, par des soupapes de Muller, si souvent employées pour des usages analogues.

Un petit *moteur hydraulique* de Schmit, par le mécanisme figuré clairement en R, R', T, met en mouvement les pipettes P et P′ qui se vident aussi et se remplissent alternativement de glycérine (qui n'absorbe pas CO^2). Il communique, par la bielle *b*, articulée au volant de grande vitesse et au plateau oscillant sur lequel est fixé le flacon A contenant de la potasse, un rapide mouvement de va et vient, grâce auquel la solution potassique est mise dans un état de division tel que l'acide carbonique est instantanément absorbé.

Il y a grand avantage pour des expériences calorimétriques à employer un moteur hydraulique. La température de la pièce n'est pas sensiblement modifiée par sa marche.

Quant au **système inscripteur de l'oxygène absorbé**, il consiste en un réservoir d'oxygène O (sac de caoutchouc), communiquant, par l'intermédiaire d'un compteur-enregistreur et d'un petit flacon laveur *r*, avec le récipient C.

Le signal *o* inscrit les litres, ou les fractions de litre d'oxygène absorbé, par suite du contact électrique qu'établit pendant sa rotation l'aiguille du compteur.

En résumé, l'animal placé dans le calorimètre C — le moteur hydraulique qui actionne les pipettes à glycérine et le condenseur de CO^2 étant mis en marche — absorbe de l'oxygène, exhale de l'acide carbonique. Cet acide carbonique est immédiatement absorbé par la potasse; cette absorption produit dans l'appareil une diminution de pression, grâce à laquelle l'oxygène enfermé dans le sac O pénètre à travers le compteur, qui l'inscrit, dans le calorimètre C, où il est immédiatement mélangé avec l'air soumis à la respiration. D'autre part, l'animal dégage de la chaleur par les poumons et par la peau. Toute cette chaleur est employée à dilater le liquide du manchon qui l'entoure, dilatation qui a pour effet de permettre l'écoulement de l'eau à zéro dans le serpentin 2-2′, jusqu'au retour du liquide dilatable à la température du début de l'expérience.

Contrôle du calorimètre.

Pour contrôler l'exactitude du calorimètre, nous avons introduit dans son intérieur, comme l'ont fait MM. d'Arsonval et Richet, une quantité d'eau connue P à une température T. Cette eau se refroidissant, je suppose, de $(T - t)^{\circ}$ perd une quantité de chaleur égale à P. $(T - t)$ calories.

Si θ désigne la température du calorimètre, p le poids de l'eau écoulée, $p\theta$ calories représente la chaleur retrouvée.

Expérience I

Température du calorimètre.................. = 14°5.
On verse dans son intérieur 500^{cc} d'eau à ...... 30°7.
Chaleur fournie..................... = $\frac{16^{cal.}2}{2}$ = $8^{cal.}1$.
Volume de l'eau écoulée.................... 538^{cc}.
Chaleur retrouvée........................ = $7^{cal.}8$.

Différence entre la chaleur fournie et la chaleur retrouvée = $0^{cal.}3$.

Expérience II

Température du calorimètre................. = 15°.
On introduit directement 500^{cc} d'eau à........ 30°3.
Calories fournies.......................... = $7^{cal.}65$.
Eau écoulée............................... 485^{cc}.
Chaleur retrouvée......................... = $7^{cal.}27$.

Différence entre la chaleur fournie et la chaleur retrouvée = $0^{cal.}38$.

Nous avons aussi fait brûler dans l'intérieur du calorimètre un poids connu d'hydrogène pur, à l'extrémité d'un chalumeau à bout de platine. Connaissant la chaleur de combustion de l'hydrogène, il est facile de déduire la quantité de chaleur ainsi fournie à l'appareil.

(1) Pendant l'expérience, nous faisons passer un courant d'air dans l'appareil, à l'aide d'une trompe communiquant en 1 avec le serpentin à air.

Expérience III

La température du calorimètre est 14°.

On fait brûler dans son intérieur de l'hydrogène pur. Le volume de cet hydrogène est égal à 6 litres à la température de 15° et à la pression de 756mm.

Volume d'eau écoulée = 1230cc.

Volume d'hydrogène réduit à 0° et à 760 $= 6000 \times \frac{1}{1+\alpha t} \times \frac{H-f}{760}$.

V = 5580cc.

Son poids = 0gr5015,

dont la chaleur de combustion = 17cal·3017.

Calories fournies à l'appareil............	17,3
Calories retrouvées (1,230 × 14).........	17,2
Différence...............	0,1

Ces expériences montrent que l'exactitude du calorimètre est suffisante pour les études que nous poursuivons (1).

Voici, maintenant, le détail d'une expérience complète : on remplit le sac O d'oxygène; on verse dans le flacon A une quantité déterminée de lessive de soude ou de potasse titrée, puis, le régulateur L étant *réglé* à l'aide du contrepoids *p*, de façon à comprimer suffisamment le caoutchouc du serpentin 2 - 2′ pour empêcher le liquide de couler — l'éprouvette étant remplie juste jusqu'au niveau de l'orifice du robinet de vidange *r*, — on note la température du calorimètre (la même que la température ambiante) et la pression atmosphérique.

(1) M. L. Frédéricq, dans ses recherches sur l'*Action de la saignée sur la Thermogénèse* (*Travaux du laboratoire de Léon Frédéricq*, 1885-1886, p. 222), a gradué son calorimètre à air (modèle de d'Arsonval) en se servant comme source de chaleur d'un fil de platine (de 3 mètres de long) chauffé par le passage d'un courant électrique constant, fourni par 6 accumulateurs Faure.

D'après la loi de Joule, la quantité de chaleur produite dans le fil est égale à

$$\frac{I^2 R}{9{,}81 \times 425} \quad \text{ou} \quad \frac{E I}{9{,}81 \times 425}.$$

Des difficultés matérielles nous ont empêché de faire avec cette méthode, qui nous paraît excellente, des expériences de contrôle de notre appareil.

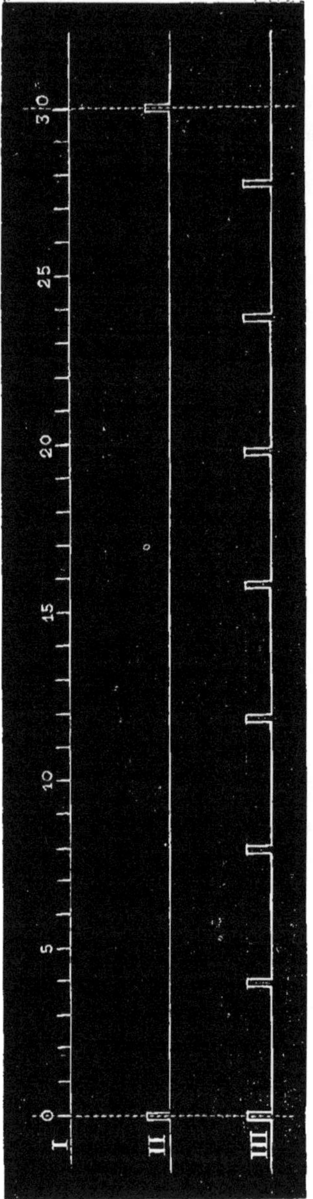

Fig. 3. — I. Temps exprimé en minutes. — II. Oxygène absorbé en demi-litres. — III. Quantité d'eau écoulée par 50cc.

On note également la position de l'aiguille du compteur à oxygène.

Le troisième signal ('), figuré sur le cylindre I, en communication avec une pendule donnant les minutes, permet de noter le moment où commence l'expérience.

Ceci fait, les trois signaux appuyant légèrement sur le cylindre inspecteur mis en mouvement, on introduit rapidement, mais avec précaution, l'animal dans le calorimètre [1]. On met en place la glace obturatrice, on serre les écrous et on lance aussitôt le moteur hydraulique qui commande les pipettes et le condenseur.

Presque immédiatement, on s'aperçoit que l'eau du serpentin 2-2′ commence à s'écouler en même temps qu'on voit l'oxygène arriver bulle à bulle du sac O dans le calorimètre, en faisant mouvoir l'aiguille du compteur.

Lorsqu'on veut terminer l'expérience, on note de nouveau la

[1] L'animal a été enfermé préalablement dans une cage cylindrique en osier, qui l'empêche de céder de la chaleur au calorimètre par conductibilité.

position de l'aiguille du compteur — la pression atmosphérique (qui, généralement, est la même qu'au début) — et on arrête le moteur, en même temps qu'on ferme le robinet d'oxygène *r*. A l'aide d'une pompe à mercure, disposée à cet effet et mise à l'avance en communication avec le robinet à trois voies *r''*, on fait une prise d'air dans le calorimètre C. On enlève ensuite l'animal, en ayant soin de noter exactement le moment de sa sortie de l'enceinte C.

On n'a plus ensuite qu'à :

1° Mesurer le volume d'eau écoulée; le poids de cette eau multiplié par la température de l'appareil donne la quantité de chaleur fournie par l'animal;

2° Analyser l'air recueilli dans la pompe. Cette analyse permettra de calculer l'oxygène absorbé;

3° Titrer la solution potassique du condenseur A. Ce titrage permettra de déterminer CO^2 exhalé.

Remarquons, en outre, que les tracés inscrits sur le cylindre I permettront de voir les différentes phases de la production de chaleur et de l'absorption d'oxygène, comme le montre la figure 3.

Voyons maintenant comment, avec ces éléments, on peut calculer les proportions des différents gaz : oxygène, acide carbonique et azote, absorbés ou exhalés pendant l'expérience.

Soit V [1] le volume total de l'air contenu dans l'appareil; H, sa pression; *t*, sa température; *f*, la tension de la vapeur d'eau à cette température. Cet air renferme, au début de l'expérience, en adoptant les chiffres donnés par Bunsen [2],

[1] V représente le volume total de l'appareil diminué du volume de la solution de potasse et du volume de l'animal. On calcule ce dernier en le supposant égal en décimètres cubes au poids de l'animal en kilogrammes.

[2] R. Bunsen, *Méthodes gazométriques* (tables pour le calcul des analyses), p. 287 et suiv.

pour la composition centésimale de l'air normal, des volumes :

$$\text{d'Oxygène} \ldots\ldots\ldots \quad V_1 = V \cdot 0{,}2096 \cdot \frac{1}{1+\alpha t} \cdot \frac{H-f}{760};$$
$$\text{d'Acide carbonique.} \quad V_2 = \text{sensiblement } 0;$$
$$\text{d'Azote} \ldots\ldots\ldots \quad V_3 = V \cdot 0{,}7904 \cdot \frac{1}{1+\alpha t} \cdot \frac{H-f}{760}.$$

L'analyse du gaz donne la composition suivante :

$$CO^2 \ldots\ldots\ldots \quad \frac{1}{a}.$$
$$O \ldots\ldots\ldots \quad \frac{1}{b}.$$
$$Az \ldots\ldots\ldots \quad \frac{1}{c}.$$

L'appareil, dans ces conditions, renferme *à la fin* (V, H, t et f restant les mêmes) des volumes :

$$\text{d'Oxygène} \ldots\ldots\ldots \quad V'_1 = \frac{1}{b} V \cdot \frac{1}{1+\alpha t} \cdot \frac{H-f}{760};$$
$$\text{d'Acide carbonique} \ldots \quad V'_2 = \frac{1}{a} V \cdot \frac{1}{1+\alpha t} \cdot \frac{H-f}{760};$$
$$\text{d'Azote} \ldots\ldots\ldots \quad V'_3 = \frac{1}{c} V \cdot \frac{1}{1+\alpha t} \cdot \frac{H-f}{760}.$$

La différence $(V'_1 - V_1)$ représente le volume de l'oxygène en plus ou en moins renfermé dans l'appareil, après un temps déterminé. Si on l'ajoute au volume de l'oxygène *inscrit*, réduit à zéro et à 760, qui a passé du réservoir d'oxygène dans le calorimètre, on obtient le volume de l'*oxygène consommé* pendant l'expérience.

En ajoutant au volume V'_2 le volume de l'acide carbonique absorbé par la potasse, on a l'*acide carbonique exhalé*.

Enfin, $V'_3 - V_3$ donnera le volume d'azote exhalé ou absorbé par la respiration (1).

(1) Nous ne donnerons pas ici nos résultats touchant l'absorption ou l'exhalation d'azote. Nous les considérons comme faisant partie d'un travail entrepris avec MM. Jolyet et Bergonié sur les variations de l'azote dans la respiration pulmonaire et cutanée.

Analyse des gaz.

Nous nous sommes inspiré, pour cette partie de notre travail, des excellents principes donnés par Regnault sur l'analyse des gaz de la respiration [1].

Nous n'avons jamais trouvé dans l'atmosphère qui remplit l'appareil à la fin de l'expérience, qu'un mélange d'oxygène, d'azote et d'acide carbonique. L'absence constante d'hydrogène, d'hydrogènes protocarboné et bicarboné, s'explique facilement par la faible durée de nos expériences (une heure ou deux heures au maximum) relativement à celle des expériences de Regnault qui duraient plusieurs jours.

Nous avions donc affaire à un simple mélange d'oxygène, d'azote et d'acide carbonique. L'analyse eudiométrique nous donnait très simplement les proportions de chacun de ces gaz.

Soit v le volume du mélange introduit dans l'eudiomètre. On ajoute un fragment de potasse ou quelques dixièmes de centimètre cube d'une dissolution de potasse. On lit, après absorption, un volume v'. — $(v - v') = CO^2$, — on ajoute un volume d'hydrogène pur plus que suffisant pour brûler tout l'oxygène. On a un volume v''. Après l'étincelle, on n'a plus qu'un volume v'''. — $(v'' - v''')$ représente la proportion de gaz disparus pour former de l'eau.

$$\frac{v'' - v'''}{3} = \text{le volume d'oxygène.}$$

$$v - (CO^2 + O) = \text{le volume de l'azote.}$$

Nous nous sommes servi de l'eudiomètre de Bunsen, qui donne des résultats très exacts si l'on a le soin de faire toutes les lectures (avant et après la potasse, avant et après l'étincelle) à une même température.

[1] Regnault et Reiset, *loc. cit.*, p. 329-387.

Cette condition, absolument indispensable, a été très simplement réalisée en entourant le tube eudiométrique d'un manchon de verre, traversé, pendant toute la durée de l'analyse, par un courant d'eau à la température du laboratoire. Le même dispositif nous a permis de faire des analyses exactes avec les réactifs absorbants (potasse et pyrogallate de potasse).

Nous donnons quelques résultats, pris au hasard, sur notre registre d'expériences, pour montrer combien est parfaite et instantanée l'absorption de CO^2 dans le dispositif que nous avons adopté. (On sait que l'accumulation de CO^2 dans la cloche où l'animal respire constitue la plus grave objection qu'on puisse faire à l'appareil de Regnault et Reiset.) (1)

Analyses des gaz de l'appareil après la respiration.

EXPÉRIENCE DU 2 DÉCEMBRE.

Un lapin de 2k810 respire pendant deux heures. L'air est soumis à l'analyse :

Gaz	29,6
Après potasse	29,5
Gaz + H	46,1
Après étincelle	28,4
Contraction	17,7
$\frac{1}{3}$ du volume disparu ...... = O.	= 5,9

La *composition centésimale* de cet air est donc :

CO^2	0,337
O	19,930
Az	79,730
	99,997

(1) Dans plusieurs expériences, la proportion de CO^2 atteignait 3 et 4 0/0 et plus.

Expérience du 7 décembre 1889.

Un canard séjourne dans l'appareil une heure et demie. L'air est soumis à l'analyse eudiométrique :

Gaz	19,00
Après potasse	18,90
Gaz + H	43,00
Après étincelle	31,70
Contraction	11,30
$\frac{1}{3}$ du volume disparu ...... = O.	3,77

Ce qui donne, comme composition centésimale :

CO^2	0,52
O	19,84
Az	79,63
	99,99

Expérience du 21 décembre 1889.

Un lapin de 2k830 respire pendant quarante-cinq minutes dans l'appareil :

Gaz	18,8
Après potasse	18,7
Gaz + H	31,2
Après étincelle	19,5
Contraction	11,9
$\frac{1}{3}$ du volume disparu .... = O.	3,9

Comme composition centésimale :

CO^2	0,53
O	20,74
Az	78,72
	99,99

Comme on le voit, la proportion d'acide carbonique dans l'air de l'enceinte où l'animal respire varie entre 0,3 et 0,5 0/0.

Elle n'a atteint que très rarement dans nos analyses la proportion de 1 0/0.

Quant à la richesse plus ou moins grande de l'air respiré en azote et en oxygène, on peut l'expliquer par le degré plus ou moins grand de pureté de l'oxygène contenu dans le réservoir O [1].

Cet oxygène, en effet, que nous préparions cependant comme M. Regnault, en chauffant dans une cornue de verre un mélange de parties égales de chlorate de potasse et de bioxyde de manganèse, et que nous recueillions après l'avoir fait passer à travers des flacons laveurs à potasse, etc..., cet oxygène, disons-nous, n'était jamais absolument pur. L'analyse eudiométrique y faisait reconnaître constamment de l'Az dont la proportion variait entre 0,5 0/0 et 1, 2 et même 3 0/0.

(Il ne faudrait pas compter comme azote exhalé, l'excès de ce gaz qu'on trouve à la fin de l'appareil sur la quantité que cet appareil renfermait au début de l'expérience.)

Dosage de l'acide carbonique absorbé par la dissolution de potasse.

Nous avons employé la pompe à mercure pour l'extraction du CO^2 de la dissolution potassique, procédé très précis et très commode.

L'appareil étant disposé comme pour l'extraction des gaz du sang (Gréhant), on introduit dans le ballon vide la dissolution de potasse à titrer, en totalité, ou en partie. A l'aide de quelques coups de pompe, on enlève les gaz dissous, puis

[1] Dans le calcul de l'azote absorbé ou exhalé par la respiration, il est absolument nécessaire de tenir compte de l'azote qui a pénétré, à titre d'impureté, du sac dans l'appareil pendant l'expérience :

Az absorbé ou exhalé = Vol Az au début — (Vol. Az à la fin + Az entré avec l'oxygène).

on fait pénétrer dans le récipient où se trouve déjà la potasse, au moyen d'un robinet *ad hoc*, de l'acide sulfurique en quantité suffisante pour saturer tout l'alcali. CO^2 se dégage. Il suffit de l'extraire et de le mesurer.

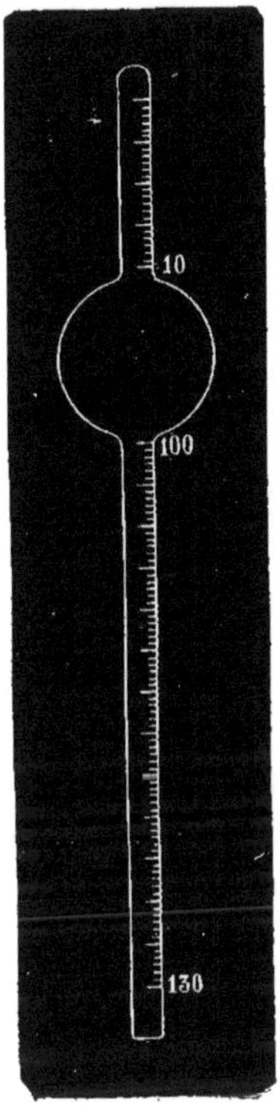

Pour mesurer le gaz dégagé, on a recours à deux procédés différents, suivant que la dissolution de potasse contient peu ou beaucoup de CO^2.

1° Si la quantité de gaz contenue dans la dissolution est faible, ou si l'on a opéré sur une petite portion de cette dissolution, on peut recueillir directement l'acide carbonique dans des tubes gradués.

Pour éviter d'avoir à en remplir un trop grand nombre, nous nous sommes servi de tubes ayant une forme spéciale, tubes qu'ont fait construire, pour le même usage, MM. Jolyet et Regnard (*fig.* 4).

10

100

130

Fig. 4.

Ils présentent près de leur extrémité fermée une boule dont le volume, par rapport au volume total, et la position sont calculés de façon à permettre la lecture après absorption du gaz CO^2 par la potasse.

On mesure donc ainsi très exactement, dans un ou plusieurs de ces tubes, le volume de gaz dégagé par l'acide sulfurique. On y dose CO^2 en l'absorbant par la potasse.

Lorsqu'on opère sur de petites quantités de solution potassique, on peut faire, dans une même opération, une série de dosages. Il suffit d'introduire primitivement dans le récipient vide de la pompe une quantité d'acide sulfurique plus que suffisante pour saturer toute la potasse (divisée en plusieurs échantillons) dont on veut doser l'acide carbonique. Par quelques coups de pompe on extrait les gaz dissous, que l'on chasse, puis on introduit l'échantillon n° 1. Les gaz se dégagent aussitôt, ils sont recueillis et mesurés dans un tube convenable. CO^2 y est ensuite dosé comme précédemment. L'échantillon n° 2 est ensuite introduit, et ainsi de suite..... jusqu'à la fin. — Bien entendu, entre chaque échantillon, il sera procédé à un lavage minutieux du tube et de l'entonnoir gradué qui sert à introduire les liquides dans le récipient de la pompe.

2° Dans le cas où la potasse contient une quantité d'acide carbonique considérable, on extrait le gaz de la même façon, mais la même méthode de mesure n'est pas applicable. On a recours alors au procédé suivant imaginé par MM. Jolyet et Regnard (1) :

La dissolution de potasse étant introduite dans le récipient, et les gaz dissous étant enlevés, on met le récipient de la pompe en communication, par le tube qui s'ouvre dans la petite cuvette surmontant le robinet à trois voies, avec un grand ballon en verre épais, de capacité exactement connue, dans lequel on a déjà fait un vide relatif, mesuré au moyen d'un manomètre. On introduit ensuite de l'acide sulfurique dans le récipient. CO^2 se dégage et on le fait passer tout entier, à coups de pompe, dans le grand ballon. Le manomètre accuse une certaine pression. Le calcul exact de CO^2 dégagé est maintenant possible. Soit, en effet, x le volume de CO^2; V, le volume du ballon; t, la température; h, la pression de l'air dans le ballon au début; t' et h', la température et la pression à la fin; H, la pression atmosphérique.

(1) *Recherches sur la respiration des animaux aquatiques.* Paris, Masson, 1877.

On a :

$$x = \frac{V(H - h')}{H(1 + \alpha t')} - \frac{V(H - h)}{H - (1 + \alpha t)}.$$

Si la solution de potasse contient du carbonate alcalin, il sera nécessaire de faire un premier dosage et de retrancher la quantité de CO^2 trouvée de celle qu'on trouvera dans ces solutions après les expériences de respiration.

CHAPITRE III

EXPÉRIENCES COMPARATIVES FAITES SUR LA RADIATION CALORIQUE ET LES COMBUSTIONS RESPIRATOIRES CHEZ DES ANIMAUX DE DIFFÉRENTES ESPÈCES.

Des expériences sur les quantités de chaleur dégagées par des animaux d'espèces différentes ont été faites par MM. d'Arsonval et Ch. Richet.

M. d'Arsonval a expérimenté sur cinq espèces différentes d'animaux qui ont donné comme poids et températures rectales les valeurs suivantes :

ESPÈCES	POIDS	TEMPÉRATURE RECTALE
Chien............	2k 700	38°2
Poule............	1 400	41°6
Cobayes..........	1 950	38°1
Lapin............	1 925	36°7
Chat.............	3 600	N'a pas été prise.

Des courbes calorigraphiques obtenues, M. d'Arsonval déduit que : « La poule a produit moins de chaleur que les » autres animaux ; son poids, il est vrai, était plus faible, » mais, en tenant compte de cette infériorité, on peut conclure

» que la production de chaleur n'est pas plus grande pour » elle que pour le lapin. La haute température du cloaque » doit donc s'expliquer par la conservation plus parfaite de la » chaleur produite, grâce à l'abri que constitue le plumage.

» En comparant la production de chaleur des cobayes à » celle des lapins, qui représentaient sensiblement le même » poids, on voit que les cobayes font, à poids égal, au moins » deux fois autant de chaleur que les lapins (1). »

Mais, comme le dit d'ailleurs M. d'Arsonval, pour faire des expériences rigoureusement comparatives, il faudrait mettre dans le calorimètre des animaux de même poids et d'espèces différentes. Ceux qui ont fourni les résultats précédents étaient loin d'avoir des poids égaux.

Les recherches de M. Ch. Richet relatives à l'influence de l'espèce sur la production de chaleur, « très nombreuses sur les lapins, ne sont pas suffisantes en nombre sur les cobayes, chiens, chats, canards, oies, poules... (2). »

D'après ces expériences, des oies, des chats et des lapins de même poids dégagent à peu près la même quantité de chaleur.

Elles montrent aussi l'influence de la nature du tégument et permettent à leur auteur de classer les êtres vivants suivant leur tégument même de la façon suivante :

		Calories par unité de surface (3).
Peau nue....................	Enfants............	16,2
Fourrure maigre............	Chiens.............	14,4
Fourrure épaisse............	Lapins.............	10,5
	Chat...............	11,4
	Cobayes...	12 à 13c

(1) D'Arsonval, *Travaux du laboratoire de Marey*, 1878-1879, p. 406.

(2) Ch. Richet, *loc. cit.*, p. 281.

(3) Pour calculer, avec une approximation suffisante, la surface des animaux, M. Richet les suppose représentés par des sphères géométriques parfaites. Leur

		Calories par unité de surface.
Tégument couvert de plumes. — Oiseaux	Oies	10,9
	Canards	12,8
	Pigeons	14,1
	Moineaux	52

Ainsi, « les enfants dont la peau est nue, produisent par » unité de surface plus de chaleur que les animaux pourvus » d'une fourrure. La production de chaleur a été pour eux de » 16c2 par unité de surface, alors qu'elle a été de 10, 11, 12, 14 » pour les autres animaux. Les chiens, dont la peau, sans » être nue, est cependant mal pourvue au point de vue de » la fourrure, dégagent beaucoup de chaleur par unité de » surface : 14,3-14,5. Quant aux autres animaux, on peut tout » à fait les ranger par ordre de taille, les plus gros produisant » par unité de surface un peu moins que les plus petits... » *Il semble aussi*, d'une manière générale, que les oiseaux (oies, » canards, pigeons) produisent, toutes conditions de poids » égales d'ailleurs, un peu plus de chaleur que les mammi- » fères : lapins, chats, cobayes [1]. »

I

Influence de l'espèce.

Les expériences de M. Ch. Richet ont montré combien était grande l'influence de la taille et de la température extérieure

volume sera $\frac{4\pi R^3}{3}$. Le poids P est égal au volume (la densité d'un animal étant égale sensiblement à celle de l'eau). On a ainsi

$$P = \frac{4\pi R^3}{3} \quad \text{d'où} \quad R = \sqrt[3]{\frac{3P}{4\pi}} \quad \text{ou sensiblement} \quad \sqrt[3]{\frac{P}{4}}$$

R étant connu, on aura tout de suite la surface d'après la formule $S = 4\pi R^2$.

[1] Richet, *loc. cit.*, p. 285.

sur la production de chaleur. Il était dès lors absolument nécessaire, pour étudier seule l'influence de l'espèce, de soumettre à l'expérience, à une *même température extérieure*, des animaux de *poids égaux* et d'*espèces différentes*.

Ces conditions ont été réalisées de tous points dans les recherches que nous avons faites et dont nous allons maintenant donner les résultats. Elles ont porté sur cinq espèces d'animaux (lapins, chats, chiens, canards, poules).

Elles sont résumées dans les tableaux suivants [1] :

TABLEAU N° 1

Expériences faites à une température extérieure = 21°.

ANIMAUX	POIDS	TEMPÉRATURE RECTALE	PAR KILOGR. - HEURE			$\frac{CO^2}{O}$
			CALORIES	OXYGÈNE absorbé.	CO² exhalé.	
Lapin.......	2k 420	39°4	3c5	0l616	0l530	0,861
Chat........	2 500	39°3	3 9	0 750	0 585	0,780
Chien.......	2 720	39°3	4 4	0 793	0 590	0,744
Poule.......	2 300	42°»	5 2	0 832	0 758	0,911
Canard......	2 500	42°3	5 4	0 915	0 796	0,870

Par la représentation graphique du tableau 1, figurée ci-dessous, dans laquelle les calories sont marquées à droite et les quantités d'oxygène absorbé en centimètres cubes à gauche de la ligne O, on voit immédiatement que le canard, qui absorbe plus d'oxygène que les autres animaux, est aussi celui qui rayonne le plus de chaleur. Vient ensuite la poule,

[1] Nous avons pris comme unité de quantité de chaleur la grande calorie, c'est-à-dire la quantité de chaleur nécessaire pour élever de 1° la température de 1 kilog. d'eau. L'oxygène et l'acide carbonique sont exprimés en centimètres cubes (vol. réd. à 0° et à 760mm).

puis le chien, le chat, et ensuite le lapin. Ce dernier, dont la radiation calorique est la moins intense, est aussi celui qui absorbe le moins d'oxygène.

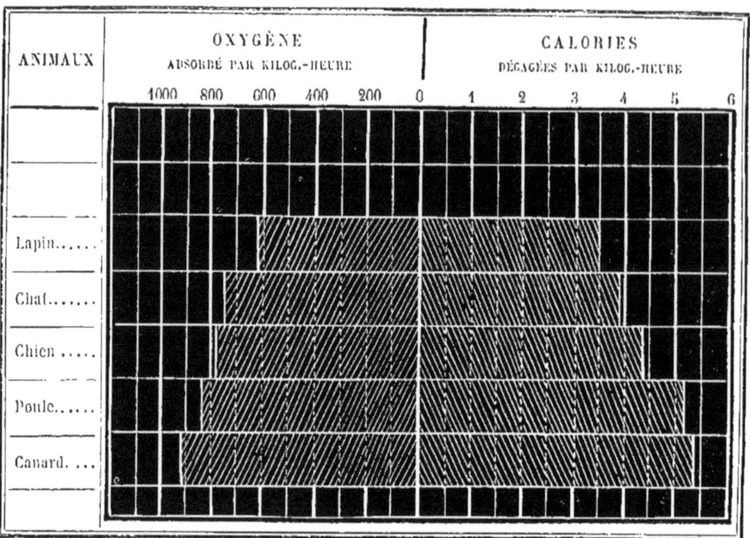

Nous avons aussi fait des expériences comparatives sur les lapins et les canards à des températures inférieures à 20°. Voici les chiffres obtenus :

TABLEAU N° 2

TEMPÉRATURES	OXYGÈNE ABSORBÉ		CALORIES DÉGAGÉES	
	Canard.	Lapin.	Canard.	Lapin.
20°	998	600	5c7	3c5
18°	»	610	6 2	3 75
15°	»	706	6 3	4 9
7°	1.375	740	7 4	3 9

Nous avons également expérimenté sur des animaux de poids plus petits (pigeons et cobayes).

TEMPÉRATURE EXTÉRIEURE : 15°.

2 Pigeons d'un poids de 700 gr.	Calories dégagées par kilog.-heure........	9cal. 6
	Oxygène absorbé......................	1lit. 450
2 Cobayes d'un poids de 700 gr.	Calories dégagées par kil.-heure..........	8cal. 7
	Oxygène absorbé......................	1lit. 345

Il se dégage de ces expériences la conclusion suivante : *Les oiseaux dégagent, à poids égal, plus de chaleur que les mammifères dont la température centrale est moins élevée et dont les échanges respiratoires (absorption d'oxygène, exhalation de CO^2) sont moins intenses* (1).

Le tableau n° 2 montre aussi que *le rapport entre les calories dégagées et les quantités d'oxygène absorbé n'est pas constant.*

II

Influence de la taille.

L'influence de la taille sur la production de chaleur a été nettement établie par les expériences de M. Ch. Richet. Les petits animaux dégagent, à volume égal, beaucoup plus de calories que les gros animaux. D'autre part, toutes les expériences sur la respiration (Regnault et Reiset, Pettenkofer et Voit, etc.) prouvent d'une façon absolue que les petits animaux ont des actions chimiques respiratoires beaucoup plus intenses

(1) M. V. Desplats, dans le Mémoire déjà cité, page 30, a trouvé, en opérant sur des rats, des cobayes et des petits oiseaux, que « la chaleur dégagée par les oiseaux est beaucoup plus grande que celle qui est produite par les petits mammifères : 1 kilogramme de petits oiseaux a donné 34 à 36 calories, c'est-à-dire près de trois fois plus de chaleur que celle qui a été fournie par les rats et les cobayes. » La conclusion de l'auteur est exacte, quoiqu'il n'ait pas expérimenté sur des animaux de poids égaux ; car l'influence de la taille ne produit pas des variations aussi considérables dans les quantités de chaleur. (Voir *Expériences de Richet,* mémoire déjà cité, p. 266-272.)

que les animaux de grande taille. Nos expériences, d'ailleurs peu nombreuses, sur ce point, ne font que confirmer ces résultats déjà connus ; c'est, évidemment, à cause de la taille surtout que 1 kilogramme de pigeon dégage beaucoup plus de chaleur et absorbe beaucoup plus d'oxygène que 1 kilogramme de canard, de même pour 1 kilogramme de cobaye par rapport à 1 kilogramme de lapin :

	Calories dégagées par kilogr.-heure.		Ox. absorbé.
2 Pigeons pesant chacun 350 gr......	$9^{cal.}6$	....	$1^{lit.}450$
Canard de 2^k500....................	6 3	....	» »
Cobayes pesant 375 gr................	8 7	....	1 345
Lapin de 2^k500....................	4 9	....	» 706

Nous citerons cependant deux expériences que nous avons faites dans les conditions suivantes : 1° nous avons mesuré la production de chaleur, et l'oxygène absorbé par un lapin de 2^k800 ; 2° la production de chaleur et l'oxygène absorbé par trois lapins de poids égaux, pesant ensemble sensiblement le même poids que le premier. Ceci, dans le but de voir si, pour des animaux de même espèce, mais de tailles différentes, toutes choses étant égales d'ailleurs, la quantité de chaleur produite était proportionnelle à la quantité d'oxygène absorbé.

Température extérieure : 16°.

Lapin (n° 1), 2^k800... Calories dégagées : 4,9. Oxygène absorbé : 721^{cc}.
Lapins (n° 3), 2^k850... Calories dégagées : 5,1. Oxygène absorbé : 958^{cc}.

Rapport des calories dégagées........... $\frac{4,9}{5,1} = 0,96$.

Rapport des quantités d'oxygène absorbé.. $\frac{721}{958} = 0,75$.

D'où cette conséquence : *Chez des animaux de même espèce, mais de taille différente, les quantités d'oxygène absorbé ne varient pas proportionnellement aux calories dégagées.*

III

Influence de la température extérieure.

Pour étudier l'action de la température extérieure sur la production de chaleur, nous avons expérimenté sur un même animal à des températures différentes ; nous nous mettions ainsi à l'abri des causes d'erreur résultant des variations individuelles dans la radiation calorique — en prenant soin de faire toujours nos expériences à la même heure de la journée, le régime alimentaire de l'animal ne variant pas.

Le tableau suivant résume les résultats que nous a fournis un lapin *adulte,* dont le poids n'a varié, pendant toute la durée de nos recherches, que de 2k810 à 2k840.

TABLEAU N° 3

TEMPÉRATURE EXTÉRIEURE	CALORIES dégagées par K. H.	OXYGÈNE absorbé par K. H.
20°	3c 5	0l 600
18°	3 75	0 601
16°	4 7	0 660
15°	4 9	0 706
13°	3 99	non dosé.
11°5	3 55	0 721
9°	3 16	0 730
7°	2 9	0 740

On voit tout de suite, à l'inspection de ce tableau, que *le lapin rayonne d'autant plus de chaleur que la température extérieure est plus basse — depuis 20° jusqu'à 15° ; — à partir de 15°, la radiation calorique diminue en même temps que la température.*

Il existe donc, comme l'ont déjà annoncé MM. d'Arsonval et Ch. Richet, une température optima pour la radiation calorique : 14° pour le lapin, d'après M. Richet.

« De ces expériences, il se dégage une loi bien précise : c'est » que la production de chaleur varie énormément avec la » température extérieure, et *d'une manière toute différente de la » loi de Newton*. Si les animaux à température constante se » comportaient comme des objets inertes, ils rayonneraient » d'autant plus que la température extérieure est plus basse. » Mais il n'en est pas ainsi. Quand il fait froid, ils diminuent » leur rayonnement en rétrécissant leurs vaso-moteurs; de » sorte que, lorsque la température extérieure monte de — 2° » à + 14°, le rayonnement va aussi en augmentant. Il y a » donc une température qui correspond à une radiation » maxima de calorique. Elle est comprise entre 12°, 13° et 14°, » et, à partir de ce point, elle va graduellement en diminuant, » conformément à la loi de Newton, à mesure que la tempé» rature extérieure s'élève (1). »

Nos expériences concordent absolument avec celles du savant physiologiste que nous venons de citer. De 20° à 15°, la radiation calorique augmente; à partir de 15°, elle va en décroissant.

Peut-on en déduire que les animaux vivants, à température constante, ne suivent pas la *loi de Newton* ?

Non, selon nous.

Si l'on considère un corps dont tous les points sont à la même température T, enfermé dans une enceinte dont la température est t, $(T > t)$; si l'on appelle S la surface du

(1) *Arch. de Physiologie*, 1885, p. 275.

corps, il perdra (par rayonnement) une quantité de chaleur égale à

$$Q = S. A. (T - t),$$

A étant un facteur dépendant de la nature du corps soumis au refroidissement et de l'état de sa surface, ainsi que de la nature, de la densité, de l'état de repos et de mouvement, etc., du milieu ambiant.

Cette quantité de chaleur perdue est donc proportionnelle, toutes choses égales d'ailleurs, à l'excès $(T - t)$ de température. Dans le cas qui nous occupe, un animal (lapin) doit perdre plus de chaleur à 0° qu'à 15° (son pouvoir émissif ne variant pas) *si l'excès de sa température, non de sa température centrale, mais bien de sa température superficielle sur la température de l'enceinte, est plus grand à 0° qu'à 15°, et dans ce cas seulement*, voilà ce qui découle de la loi du refroidissement.

Or, est-on bien sûr que cet excès de la température superficielle de l'animal sur la température de l'enceinte est supérieur dans une enceinte à 0° à celui dans une enceinte à 15° ?

Il est très facile de constater sur les animaux sans fourrure, et même sur ceux pourvus de fourrure, un refroidissement superficiel considérable, lorsqu'on les expose à des températures voisines de zéro. Un thermomètre à température locale, le simple contact de la main elle-même, suffisent pour mettre le fait hors de doute.

« A mesure que la température du milieu baisse autour de » l'animal en expérience, et à partir d'une certaine tempéra- » ture de ce milieu, un phénomène physiologique intervient, » qui, par une constriction vasculaire périphérique, diminue » l'afflux du sang à la surface rayonnante. Il en résulte un » abaissement de la température de cette surface. Grâce à ce » refroidissement superficiel, l'excès de la température de

» l'animal sur celle du milieu est diminué, au lieu d'être » augmenté. La production de chaleur ou la perte de chaleur » doit donc diminuer, comme l'indique la loi de Newton. » Cette loi s'applique donc aux êtres vivants, à condition de » calculer l'excès de la température de l'animal sur celle du » milieu, en prenant pour température de l'animal non pas » sa température physiologique normale, mais bien celle de » ses téguments en contact avec le milieu, et cela au moment » de l'expérience. » (J. Bergonié, *Leçons sur la chaleur et la thermodynamique animales*. Bordeaux, 1887-1888.)

Pour affirmer que les animaux vivants ne suivent pas la loi de Newton, il faudrait mesurer, en même temps, pour chaque température extérieure, la chaleur émise et l'excès (T — t) de la température périphérique de l'animal sur celle de l'atmosphère dans laquelle il rayonne. Encore même, en opérant ainsi, ne faudrait-il pas s'attendre à trouver des résultats absolument conformes à ceux prévus par la théorie, la surface cutanée de l'animal pouvant être modifiée par le froid autrement que quant à sa température : *si le pouvoir émissif de la surface rayonnante varie, on peut avoir, même pour des températures superficielles égales, des quantités de chaleur rayonnée très différentes*. D'autre part, la chaleur que perd un animal par le poumon n'est pas de la chaleur *rayonnée*. La loi de Newton n'est donc pas *applicable* absolument à cette portion de la chaleur dégagée.

Le tableau n° 3 montre, en même temps, que les quantités d'oxygène absorbé vont en croissant à mesure que la température s'abaisse, sans passer par un *optimum*, comme la radiation calorique.

Le fait de l'augmentation des combustions respiratoires lorsque la température extérieure diminue, a été signalé depuis longtemps et confirmé par les recherches de Regnault et Reiset : « Si l'on compare les expériences 1 et 8, faites à 16° » et à 0°, on voit que, dans la première, la poule a consommé » 2gr28 d'oxygène par heure, et que, dans la deuxième, elle en » a consommé 2gr65 dans le même temps. La respiration est » d'autant plus abondante, que la température du milieu » ambiant est plus basse [1]. »

Cependant, « en comparant entre elles les expériences 7 et » 12 faites sur un chien, on voit que, dans l'expérience 7, où » l'eau environnant la cloche était à 15°, le chien a consommé » 9gr16 d'oxygène par heure, tandis que, dans l'expérience 12, » où le manchon était rempli de glace fondante, il n'en a » consommé que 8gr06 [2]. »

Faut-il conclure, de ces expériences, que la respiration du chien, contrairement à celle de la poule, est plus abondante lorsque la température ambiante va en diminuant, ou attribuer le résultat de l'expérience 12 de Regnault, comme c'est l'idée de l'auteur, à ce fait accidentel que l'animal s'est beaucoup plus agité pendant cette expérience ? Les résultats que nous avons déjà rapportés (tableau 3), ceux que nous donnons plus loin (tableau 4), montrent que, pour le lapin comme pour le canard — nous pourrions dire : pour les mammifères comme pour les oiseaux — les quantités d'oxygène absorbé vont en croissant à mesure que la température ambiante diminue [3].

Nous savons bien, aujourd'hui, que la chaleur dégagée par un organisme vivant n'est pas le résultat immédiat de l'acide carbonique qu'il exhale, qu'il n'est pas possible de calculer la chaleur rayonnée par un animal, comme le fit, le premier, Lavoisier, comme l'ont fait ensuite Dulong et Despretz, par les

[1] Regnault et Reiset, *loc. cit.*, p. 395.
[2] Regnault et Reiset, *loc. cit.*, p. 397.
[3] Les quantités de CO^2 exhalé vont aussi en croissant.

produits de la respiration, et qu'à une même quantité d'oxygène absorbé et d'acide carbonique émis peuvent correspondre des quantités de chaleur très différentes. Il n'en est pas moins très surprenant, au premier abord, qu'un même animal, soumis au même régime, dégage moins de chaleur à 7° qu'à 15°, tandis qu'il absorbe plus d'oxygène et dégage plus d'acide carbonique.

« A la rigueur, écrit M. Ch. Richet, on pourrait admettre » l'hypothèse des vaso-moteurs comme satisfaisante pour » l'explication de cette dérogation à la loi de Newton, si elle » n'était fortement contredite par l'étude des actions chimi- » ques respiratoires. Toutes les expériences faites jusqu'à » présent prouvent que plus le milieu est refroidi, plus les » échanges chimiques sont intenses... Un lapin à 0° exhale » plus de CO^2 et produit moins de chaleur qu'à 15°. Ce sont » là deux faits démontrés qui paraissent en contradiction » formelle [1]. »

Dans le but de rechercher l'influence du froid sur la température centrale des lapins, nous avons soumis successivement plusieurs de ces animaux à une température extérieure de 0°, leur température rectale ayant été prise au préalable par une température ambiante de 15°. Nous avons constamment observé, *après un quart d'heure*, une élévation de température de quelques dixièmes de degré.

	Température rectale.	Température extérieure.
Lapin de 2k500	39°4	14°
	39°8	0°
Lapin de 1k500	40°	15°
	40°2	+ 1°
Lapin de 2k000	39°8	14°
	40°2	+ 1°

[1] *Revue scientifique*, octobre 1887, p. 513.

Si le même fait s'était produit dans nos expériences, on pourrait donner l'explication suivante :

Les lapins expérimentés (tous adultes) règlent leur production calorique, par l'action du système nerveux sur la respiration, de façon à résister au refroidissement. L'animal placé dans une enceinte à 0°, pour ne pas se refroidir, augmente le nombre de ses mouvements respiratoires, absorbe plus d'oxygène, exhale plus d'acide carbonique. D'autre part, sa surface cutanée se refroidissant, l'excès ($T - t$) de sa température sur celle de l'air ambiant diminue. Sa radiation calorique diminue également. Dans ces conditions, *sa respiration étant déjà réglée,* et fixée par le système nerveux, une diminution dans la perte de chaleur entraîne une augmentation dans la température centrale de l'animal.

Mais ce n'est là certainement qu'un *phénomène de passage*. Au bout d'un temps très court, la température centrale de l'animal diminue au lieu d'augmenter.

D'ailleurs, toutes les mesures thermométriques faites sur des lapins, *adaptés* déjà depuis un certain temps au milieu qui les environne, montrent que leur température centrale augmente ou diminue en même temps que la température extérieure.

M. Ch. Richet donne comme moyennes, pour la température propre des lapins les chiffres suivants :

Hiver ..... 39°62
Été........ 40°

D'autre part, nos lapins, dans les expériences rapportées plus haut, n'ont pas été portés brusquement d'une enceinte à 14° dans une enceinte à 10° ou à 5°. Ils subissaient déjà cette température depuis vingt-quatre ou quarante-huit heures — souvent depuis sept à huit jours.

Comment donc expliquer d'une façon satisfaisante les résultats qu'ont trouvés la plupart des physiologistes dans des expériences faites séparément sur les échanges respiratoires et sur la chaleur dégagée, ceux que nous avons obtenus nous-même par une mesure simultanée des deux phénomènes à savoir : une diminution dans la radiation calorique et une augmentation dans la quantité d'oxygène absorbé, la *température de l'animal restant constante?*

Si les choses sont telles en réalité, si la généralisation des résultats obtenus par nos expériences, d'une durée de une à deux heures, est vraiment permise; en un mot, si l'on observe *d'une façon constante* et *durable*, plus d'oxygène absorbé et moins de chaleur dégagée par un animal à une température extérieure de 0° qu'à 15°, il ne reste plus qu'à admettre que, chez un animal *adulte*, toutes choses restant d'ailleurs identiques, la nature des combustions organiques, des fermentations interstitielles, ou pour mieux dire des combustions organiques, d'une part, qui correspondent à un dégagement de chaleur, des synthèses organiques, d'autre part, s'accompagnant d'une absorption, est modifiée assez profondément par un abaissement de température de quelques degrés pour dégager des quantités de chaleur très différentes (1).

Le tableau 4 donne les calories dégagées et l'oxygène

(1) C'est ici le lieu de rappeler que l'œuf en incubation absorbe pendant les premiers jours beaucoup de chaleur (Moitessier, d'Arsonval) et que cette absorption de chaleur coïncide avec une absorption d'oxygène et un dégagement abondant d'acide carbonique.

Tout organisme vivant, selon l'expression de Claude Bernard, est le siège de deux ordres de phénomènes : 1° de phénomènes de création vitale ou de synthèse organisatrice (correspondant à une absorption de chaleur); 2° de phénomènes d'oxydation ou de destruction organique (correspondant à un dégagement de chaleur).

« La méthode chimique ne tient compte que des combustions; elle représente la somme. La calorimétrie directe tient compte à la fois des phénomènes de destruction et de création organique dont la simultanéité caractérise la vie; elle représente la différence qui apparaît sous forme de chaleur... Il n'y a rien d'étonnant à ce que les résultats de ces deux méthodes ne soient pas concordants. » (D'Arsonval, *Comptes rendus de la Société de Biologie*, 1885, p. 54.)

absorbé par un canard, dont le poids ($2^k 500$) reste sensiblement invariable, pour des températures comprises entre 21°5 et 7°.

TABLEAU N° 4

TEMPÉRATURE EXTÉRIEURE	CALORIES dégagées par K.-H.	OXYGÈNE absorbé par K.-H.
21° 5	5c 2	910cc
20°	5 7	998
18°	6 2	non dosé.
15°	6 3	id.
7°	7 4	1,375

Ces chiffres montrent que le canard rayonne d'autant plus de chaleur et absorbe d'autant plus d'oxygène que la température extérieure est plus basse; qu'il n'y a pas pour lui, au moins entre 21° 5 et 7°, de température *optima* de radiation calorique [1]. Cela tient très probablement à la couche isolante constituée par son plumage abondant, couche grâce à laquelle sa surface cutanée ne se refroidit pas sensiblement, au moins pour des températures de 7°, 5° et même de 0°. Sous l'action du froid, l'animal absorbe plus d'oxygène et dégage plus de chaleur. Sa température centrale reste constante.

Nous avons fait sur ce point une dizaine d'expériences en plaçant le canard dans les mêmes conditions que le lapin dont nous avons parlé plus haut, et ici nous avons observé une fixité presque absolue de la température centrale. Elle s'est toujours maintenue à 42°3, aussi bien dans l'enceinte à 15° que dans l'enceinte à 0°.

[1] Nous n'avons pas pu obtenir dans le laboratoire où était disposé notre appareil, de température inférieure à 7°.

En résumé, chez le lapin (probablement chez les mammifères) l'abaissement de la température extérieure fait augmenter la radiation calorique et les combustions respiratoires jusqu'à un point désigné par M. Richet sous le nom *d'optimum* de radiation calorique. A partir de ce point, la chaleur dégagée diminue, les quantités d'oxygène absorbé allant toujours en augmentant.

Il n'en résulte pas que les mammifères ne suivent pas la loi de Newton : l'excès (T — *t*) changeant forcément pour chaque température extérieure.

Pour des températures comprises entre 21°5 et 5°, le canard et la poule[1] (probablement les oiseaux) augmentent en même temps leur radiation calorique et leurs combustions respiratoires. Leur température centrale reste la même à 5° et à 0° qu'à 15°, 20°, 25°[2].

(1) Pour la poule, de 21°5 à 7°, l'O. absorbé et les cal. dég. vont aussi en croissant.

(2) Dans son livre sur la *Chaleur animale* (Paris, 1889, p. 234, note 2), M. Richet signale des expériences faites sur une marmotte en dehors de son état d'hibernation. « Ces expériences, dit-il, sont peu nombreuses et imparfaites, car l'animal est devenu » malade assez vite et est mort avant la fin ; mais il m'a semblé que la marmotte ne » présentait pas comme les cobayes et comme les lapins un optimum de température » et qu'au contraire elle suivait rigoureusement la loi de Newton ; toutefois je ne » donne ce résultat que sous toutes réserves et comme provisoire. » Regnault et Reiset (*loc. cit.*, p. 515) ont étudié la respiration des marmottes : ils ont trouvé que la consommation d'oxygène par les marmottes engourdies est très faible ; elle ne s'élève qu'au trentième de celle qu'exigent les marmottes éveillées. Il est même possible, ajoutent-ils, que cette consommation soit beaucoup plus petite, lorsque ces animaux sont exposés à une température beaucoup plus basse qu'ils ne l'ont été dans leurs expériences. Si maintenant nous comparons les expériences 40, 41, 42, faites toutes les trois sur la même marmotte à des températures de 8°, 10°, 15°, nous voyons, pour les poids d'oxygène consommé :

N° 40. T = 8°	Marmotte endormie.	Oxygène par kil.-heure....	0gr 040
N° 41. T = 10°	—	moins fortement endormie..........	0 085
N° 42. T = 15°	—	éveillée..........................	0 774

On peut donc conclure que l'animal absorbe d'autant moins d'oxygène que la température extérieure est plus basse, même en dehors de son état d'hibernation, et, comme conséquence immédiate, la radiation calorique augmentant à mesure que la température extérieure diminue, un abaissement simultané de la température centrale de l'animal ; ce qui a lieu.

IV

Animaux fébricitants.

Plusieurs théories ont été émises sur les causes de l'élévation persistante de la température animale qui constitue la fièvre ([1].)

Certains auteurs n'y voient qu'une rétention exagérée de la chaleur normale. D'après M. Marey.([2]). lá production de calorique peut bien augmenter dans la fièvre, mais « l'élévation de la température consiste bien plus en un nivellement de la température dans les différents points de l'économie qu'en un échauffement absolu ».

D'après M. Traube ([3]), la fièvre est produite simplement par la rétention, l'accumulation de la chaleur normale, sans production exagérée de chaleur. La théorie de Marey est incapable d'expliquer l'existence, bien constatée, de fièvres supérieures de beaucoup à la température centrale du corps.

Quant à celle de Traube, qui s'appliquerait à la rigueur au stade de frisson, « rien n'autorise à l'appliquer à la fièvre en général, et spécialement à ces formes où le stade de chaleur semble s'établir d'emblée, où l'anémie cutanée est de si peu de durée qu'elle passe presque inaperçue, pour faire place à une rougeur caractéristique, à une chaleur si sensible au toucher que les cliniciens lui ont donné le nom de *mordicante,* à une congestion périphérique grâce à laquelle le corps, loin d'em-

([1]) Voir Claude Bernard, *Leçons sur la chaleur animale, sur les effets de la chaleur et sur la fièvre.*

([2]) Marey, *Physiologie de la circulation*, 1863, p. 361.

([3]) *Zur Fieberlehre* (*Med. Centralzeitung*, 1863 et 1864.) — Traube et Jockmann. *Zur Theorie des Fiebers* (*Deutsche Klinik*, 1855).

prisonner de la chaleur, en cède à l'extérieur pendant des jours et des semaines » (1).

Dans une seconde théorie, on admet que dans la fièvre il y a augmentation à la fois dans la production et dans la déperdition de chaleur. Les travaux de Leyden et de Liebermeister confirment cette manière de voir : dans leurs expériences, faites par la méthode des *bains*, ils ont constaté que la perte de chaleur est toujours augmentée dans la fièvre : cette perte pouvant aller jusqu'à une et demie et deux fois la normale.

Pour rechercher s'il y a, chez le fébricitant, en même temps que déperdition exagérée de chaleur, augmentation des combustions respiratoires, Senator et Traube (2) analysèrent l'air expiré par l'homme à l'état de fièvre. Cet air contenait moins de CO^2 que l'air expiré par l'homme sain. Mais cela ne prouve nullement que l'acide carbonique exhalé dans un temps déterminé ne soit pas supérieur à CO^2 exhalé dans le même temps par un individu normal. Les expériences de Leyden et de Liebermeister montrent au contraire que chez l'individu fébricitant la quantité de CO^2 exhalé est considérablement augmentée puisqu'elle est à la quantité exhalée par un sujet normal comme 1 1/2 est à 1.

Winternitz (3), Speck (4) soutiennent aussi que l'hyperthermie, dans la fièvre, est la conséquence d'une diminution de radiation calorique et non celle d'une augmentation des oxydations.

D'après M. d'Arsonval (5), à une température centrale plus élevée ne correspond pas nécessairement une augmentation de

(1) Claude Bernard, *loc. cit.*, p. 413.
(2) H. Senator, *Beiträge zur Lehre von der Eigenwärme und dem Fieber* (*Wirchow's Archiv.*, 1869, vol. XLV, p. 351).
(3) *Wirchow's Archiv.*, 1874.
(4) *Deutsche Arch. f. kl. Med.*, vol. XXXVII, p. 107.
(5) *Soc. de Biologie*, 1888, p. 167.

la thermogénèse; les animaux fébricitants donnent sensiblement le même nombre de calories s'accompagnant d'une élimination exagérée d'acide carbonique.

D'après M. P. Langlois [1], il y a chez les fébricitants corrélation directe entre la thermogénèse et la température.

M. F. Henrijean a fait récemment [2] des recherches comparatives sur les quantités d'oxygène absorbé par les animaux sains et fébricitants. Voici la moyenne des résultats fournis par des lapins :

	Animaux sains.	Animaux fébricitants.
Oxygène absorbé par kilogr. et par heure... (Volume réduit à 0° et à 760.)	671^{cc}	1,011^{cc}

Il en conclut que l'augmentation de température dans la fièvre est due à une augmentation des combustions intra-organiques [3].

Dans un travail plus récent [4] le même auteur étudie, successivement, sur des lapins sains et fébricitants : 1° l'absorption d'oxygène; 2° le dégagement de chaleur [5]. En voici les conclusions :

(1) Thèse de Paris, 1887.

(2) *Influence des Agents antithermiques sur les oxydations organiques* (*Travaux du laboratoire de L. Frédéricq*. Gand, 1886, p. 289-290).

(3) L'oxygène absorbé par un animal peut être considéré comme donnant la mesure de la totalité des combustions organiques. D'après Danilewsky (*Pflüger's Archiv.*, Band XXX, p. 184, et Bd. XXXVI, p. 188-248), l'absorption de 1 gramme d'oxygène représente :

3380 calories dans la combustion organique		de l'albumine.
3270 —	—	de la graisse.
3795 —	—	de la fécule.
3695 —	—	du sucre de raisin.

Tandis que 1 gramme de CO^2 représente :

2930 calories		pour l'albumine.
3460	—	pour la graisse.
2750	—	pour la fécule.
2697	—	pour le sucre de raisin.

(4) F. Henrijean, *Recherches sur la pathogénie de la fièvre* (in *Revue de Médecine*, 10 novembre 1889).

(5) Les dosages d'oxygène étaient faits au moyen d'un appareil de Regnault et Reiset modifié; chaque séance durait 10 minutes. Les recherches calorimétriques à l'aide d'un calorimètre de d'Arsonval modifié par Frédéricq (Frédéricq, travaux du laboratoire, 1886, *De l'Action physiologique des soustractions sanguines*).

a) En ce qui concerne l'oxygène absorbé, on observe parfois une augmentation, plus souvent encore une diminution. D'autres fois, le chiffre d'oxygène diminue tandis que la température ne change pas; d'autres fois enfin, les quantités d'oxygène absorbé restent constantes et la température continue à monter.

b) Quant à la radiation calorique, il y a tantôt augmentation, tantôt diminution.

Tous ces résultats, douteux et incertains, parfois même contradictoires, montrent combien il est intéressant de pouvoir mesurer *simultanément*, sur un même animal, la chaleur dégagée et l'oxygène absorbé.

L'appareil que nous avons déjà décrit se prête admirablement à des expériences de ce genre : de plus, le calorimètre à température constante met à l'abri de la cause d'erreur résultant de l'élévation de température du milieu dans lequel l'animal rayonne, élévation de température qui a une influence considérable sur la radiation calorique, comme le montrent les expériences relatées plus haut, et qui est inévitable dans le calorimètre à rayonnement. Les tableaux 5 et 6 donnent les quantités d'oxygène absorbé et les calories dégagées : 1° par des lapins normaux ; 2° par des lapins fébricitants (1).

5. — Lapin de 2 kil. 500. — Température extérieure : 9°.

		A. sain.	A. fébricitant.
Calories dégagées ... (Par kil. et par heure)	1re expérience 3cal.16 2e expérience 3 35 3e expérience 3 27	3cal. 26	4cal. 2
Oxygène absorbé ... (Par kil. et par heure réduit à 0 et à 760.)		730cc	897cc

(1) Nous avons déterminé la fièvre chez nos lapins en leur injectant sous la peau 2 ou 3 centimètres cubes d'un liquide septique, obtenu en faisant macérer de la viande de bœuf dans de l'eau, à une température de 30° pendant 24 ou 36 heures.

6. — Lapin de 1 kil. 750. — Température extérieure : 12°

	A. sain.	A. fébricitant.
Calories dégagées......................	$4^{cal.}02$	$4^{cal.}9$
Oxygène absorbé........................	752^{cc}	1023

Le lapin n° 1 avait, à l'état normal, une température de 39°7. Cinq heures après l'injection de liquide septique, au moment de son entrée dans le calorimètre, sa température rectale = 40°5. Il séjourne une heure dans le calorimètre; sa température rectale est alors de 40°6. L'animal meurt trente-six heures après l'inoculation.

Lapin n° 2. — Température rectale..	Avant l'injection.........	39°9
	5 heures après l'injection..	41°1
	A sa sortie du calorimètre.	41°

Mort dans les 24 heures qui suivent l'inoculation.

Dans les conditions de nos expériences, l'*animal fébricitant absorbe donc plus d'oxygène et dégage plus de chaleur que l'animal sain.*

RÉSUMÉ GÉNÉRAL ET CONCLUSIONS

1° L'appareil dont nous nous sommes servi permet d'étudier simultanément sur un même animal :

a) La chaleur dégagée;

b) La quantité d'oxygène absorbé;

c) L'acide carbonique exhalé.

Il permet l'inscription graphique des calories dégagées et de l'oxygène absorbé.

2° Si l'on étudie la radiation calorique chez les animaux de différentes espèces, on trouve que les oiseaux, qui à poids égal absorbent plus d'oxygène, dégagent aussi plus de chaleur que les mammifères. Il n'y a pas de rapport constant entre les calories dégagées et l'oxygène absorbé.

3° Chez les animaux d'une même espèce, mais de taille différente, les plus petits absorbent, à poids égal, plus d'oxygène et dégagent plus de chaleur que ceux de grande taille. Il n'y a pas de rapport constant entre les calories dégagées et l'oxygène absorbé.

4° Il existe pour le lapin une température *optima* de radiation calorique [voisine de 14° (Richet)]. A partir de ce point, la chaleur dégagée va en décroissant, bien que la quantité d'oxygène absorbé continue à augmenter.

Il n'en résulte point que les mammifères n'obéissent pas à la loi de Newton.

5° Cette température *optima* est beaucoup plus basse (si elle existe) pour les oiseaux que pour les mammifères.

6° Chez les animaux (lapins) rendus fébricitants par injection d'un liquide septique, il y a à la fois, pendant la période d'élévation de la température centrale, augmentation des calories dégagées et de l'oxygène absorbé. Ce qui tendrait à prouver que dans LA FIÈVRE, comme le croyait Cl. Bernard [1], il y a à la fois augmentation dans la perte et modification en plus dans la production de chaleur.

[1] *Loc. cit.*, p. 416.

Bordeaux. — Imp. G. Gounouilhou, rue Guiraude, 11.

167

A LA MÊME LIBRAIRIE

VIAULT et JOLYET, professeurs à la Faculté de médecine de Bordeaux. — **Traité de Physiologie humaine.** 1 beau vol. gr. in-8° de 920 p., avec plus de 400 fig. dans le texte .... 16 fr.

GAVOY (E.), médecin principal à l'hôpital militaire de Versailles. — **Atlas d'anatomie topographique du cerveau et des localisations cérébrales.** 1 magnifique vol. in-4° en carton, contenant 18 planches chromolithographiques (8 couleurs), exécutées d'après nature, représentant de grandeur naturelle toutes les coupes du cerveau, avec 200 pages de texte.

En carton, 36 fr. — Relié sur onglets en maroquin rouge, tête dorée....... 42 fr.

AUFFRET (Ch.), professeur d'anatomie et de physiologie à l'école de médecine navale de Brest, ancien chef des travaux anatomiques. — **Manuel de dissection des régions et des nerfs.** 1 vol. in-18, cart. diamant, de 471 p., avec 60 fig. originales dans le texte exécutées, pour la plupart, d'après les préparations de l'auteur... 7 fr.

BALBIANI, professeur au Collège de France. — **Cours d'embryogénie comparée du Collège de France.** *De la génération des vertébrés.* Recueilli et publié par F. Henneguy, préparateur du cours. Revu par le professeur. 1 beau vol. gr. in-8° avec 150 fig. dans le texte et 6 pl. chromolithographiques hors texte.............. 15 fr.

BRIEGER, professeur assistant à l'Université de Berlin. — **Microbes, Ptomaïnes et Maladies,** traduit par MM. Roussy et Winter, avec une préface de M. le professeur Hayem. 1 vol. in-18 de 250 pages .... 3 fr. 50

CADIAT (O.), professeur agrégé à la Faculté de médecine de Paris. — **Cours de Physiologie professé à la Faculté.** 1882-1883. Petit in-4° de 250 p. Avec des dessins autographiés........ 9 fr.

CARNOY (le chanoine J.-B.) docteur ès sciences naturelles, professeur à l'Université de Louvain. — **La Biologie cellulaire,** étude comparée de la cellule dans les deux règnes, 1er fascicule : 1 vol. de 300 p. avec 141 fig. dans le texte............. 12 fr.

L'ouvrage sera publié en trois fascicules, payables séparément. — On peut dès maintenant souscrire à l'ouvrage complet pour 25 fr.

DEBIERRE, professeur chargé de cours à la Faculté de médecine de Lille. — **Manuel d'Embryologie humaine et comparée.** 1 vol. in-18, cart. diamant, de 800 p., avec 321 fig. dans le texte et 8 pl. en couleur hors texte .... 8 fr.

DEBIERRE (Ch.). — **Les Maladies infectieuses, Microbes, Ptomaïnes et Leucomaïnes.** 1 vol. in-18 de 380 pages........ 3 fr. 50

DUBIEF (Dr), ancien interne des hôpitaux de Paris. — **Manuel de Microbiologie** comprenant : les fermentations, la physiologie, la technique histologique, la culture des bactéries et l'étude des principales maladies d'origine bactérienne. 1 vol. in-18, cart. diamant, de 600 p., avec 160 fig. dans le texte et 8 pl. en coul. hors texte. 8 fr.

DUVAL (Mathias), membre de l'Académie de médecine, professeur à la Faculté de Paris, professeur à l'École des Beaux-Arts. — **Leçons sur la physiologie du système nerveux (Sensibilité),** recueillies par P. Dassy, revues par le professeur. In-8° de 130 pages avec 30 figures dans le texte........ 3 fr.

FOSTER et LANGLEY. — **Cours élémentaire et pratique de Physiologie générale,** traduit sur la 5e édition anglaise par F. Prieur. 1 vol. in-18 jésus de 450 pages, avec 115 figures........ 5 fr.

GOUZER (J.), médecin de 1re classe de la marine. — **Le Problème de la vie et les fonctions du cervelet.** 1 vol. in-18 de 225 pages........ 3 fr.

JULIEN (Alexis), répétiteur d'anatomie. — **Aide-mémoire d'anatomie** (muscles, ligaments, vaisseaux, nerfs), avec figures, cartonnage toile .... 3 fr. 50

LEE et HENNEGUY. — **Traité des méthodes techniques de l'anatomie microscopique,** avec une préface de M. le professeur Ranvier. 1 vol. in-8° de 500 p. 12 fr.

TESTUT (A.), professeur d'anatomie à la Faculté de médecine de Lyon, avec la collaboration de H. Ferré, agrégé à la Faculté de Bordeaux, et de M. Vialleton, agrégé à la Faculté de Lyon. — **Traité d'anatomie descriptive.** 3 vol. gr. in-8°, formant 2,400 p., avec 1,200 fig., presque toutes originales, dessinées spécialement pour cet ouvrage, et tirées pour la plupart en trois ou quatre couleurs dans le texte. En vente, tome I : **Locomotion,** 770 p., avec 470 fig.

Le tome II est sous presse........ 16 fr.

Bordeaux. — Imprimerie G. GOUNOUILHOU, rue Guiraude, 11.